全国高等院校水利水电类精品规划教材

# 水利工程造价编制实训

主　编　李春生　胡祥建
副主编　李玉清　谷晓萍　崔金虎　余治武
主　审　赵旭升

黄河水利出版社

## 内容提要

本书主要包括水利工程设计概算的编制和水利工程清单报价的编制，水利工程造价电算，水利工程造价编制题目及标准、规范、规定的汇编，给出了完整的某水利枢纽工程概算编制案例和某水利工程清单报价编制案例。

本书主要特点为理论与实践相结合，理论部分言简意赅，编制题目给出了4个工程的造价编制资料及编制过程分析，符合循序渐进的学习过程。

本书除作为高等院校师生的教学用书，也可作为水利工程技术专业实训用教材。

**图书在版编目(CIP)数据**

水利工程造价编制实训/李春生，胡祥建主编. —郑州：黄河水利出版社，2008.8

全国高等院校水利水电类精品规划教材

ISBN 978-7-80734-492-6

Ⅰ.水…　Ⅱ.①李…②胡…　Ⅲ.水利工程-建筑造价-预算编制-高等学校-教材　Ⅳ.TV512

中国版本图书馆CIP数据核字(2008)第133532号

出 版 社：黄河水利出版社

地址：河南省郑州市金水路11号　　邮政编码：450003

发行单位：黄河水利出版社

发行部电话：0371-66026940、66020550、66028024、66022620(传真)

E-mail：hhslcbs@126.com

承印单位：黄河水利委员会印刷厂

开本：787 mm×1 092mm　1/16

印张：12.25

字数：280千字　　印数：1—3 100

版次：2008年8月第1版　　印次：2008年8月第1次印刷

定价：25.00元

# 出版者的话

近年来，随着我国对基础设施建设投入的加大，水利水电工程建设也迎来了前所未有的黄金时间。截至 2006 年，全国已建成堤防 28.08 万公里，各类水库 85 849 座，2006 年水利工程在建项目 4 614 个，在建项目投资总规模达 6 121 亿元(《2006 年全国水利发展统计公报》)。据《可再生能源发展“十一五”规划》，到 2010 年，我国水电总装机容量将达到 1.9 亿千瓦。水利水电工程的大规模建设对设计、施工、运行管理等水利水电专业人才的需求也更为迫切，如何更好地培养适应现今水利水电事业发展的优秀人才，成为水利水电专业院校共同面临的课题。作为水利水电行业的专业性科技出版社，我社长期关注水利水电学科的建设与发展，并积极组织水利水电类专著与教材的出版。

在对水利水电类本科层次教材的深入了解中，我们发现，以应用型本科教学为主的众多水利水电类专业院校普遍缺乏一套完整构建在校本科生专业知识体系又兼顾实践工作能力的教材。在广泛调研与充分征求各课程主讲老师意见的基础上，按照高等学校水利学科专业教学指导委员会对教材建设的指导精神与要求，并结合教育部实施的多层次建设、打造精品教材的出版战略，我社组织编写了本系列“全国高等院校水利水电类精品规划教材”。

此次规划教材的特点是：

(1)以培养水利水电类应用型人才为目标，充分重视实践教学环节。

(2)在依据现有的专业规范和课程教学大纲的前提下，突出特色，力求创新。

(3)紧扣现行的行业规范与标准。

(4)基本理论与工程实例相结合，易于学生接受与理解。

本系列教材除了涵盖传统专业基础课及专业课外，还补充了多个新开课程的教材，以便于学生扩充知识与技能，填补课堂无合适教材可用的空缺。同时，部分教材由工程技术人员或有工程设计施工从业经历的老师参与编写，也是此次规划教材的创新。

本系列教材的编写与出版得到了全国 21 所高等院校的鼎力支持，特别是三峡大学党委书记刘德富教授和华北水利水电学院副院长刘汉东教授对系列教材的编写与出版给予了精心指导，有效保证了教材出版的整体水平与质量。在此对推进此次规划教材编写与出版的各院校领导和参编老师致以最诚挚的谢意，是他们在编审过程中的无私奉献与辛勤工作，才使得教材能够按计划出版。

“十年树木，百年树人”，人才的培养需要教育者长期坚持不懈的努力，同样，好的教材也需要经过千锤百炼才能流传百世。本系列教材的出版只是我们打造精品专业教材的开始，希望各院校在对这些教材的使用过程中，提出改进意见与建议，以便日后再版时不断改正与完善。

黄河水利出版社

## 二、工程部分概算表

**(一)概算表**

(1)总概算表;
(2)建筑工程概算表;
(3)机电设备及安装工程概算表;
(4)金属结构设备及安装工程概算表;
(5)施工临时工程概算表;
(6)独立费用概算表;
(7)分年度投资表;
(8)资金流量表。

**(二)概算附表**

(1)建筑工程单价汇总表;
(2)安装工程单价汇总表;
(3)主要材料预算价格汇总表;
(4)次要材料预算价格汇总表;
(5)施工机械台时费汇总表;
(6)主要工程量汇总表;
(7)主要材料量汇总表;
(8)工时数量汇总表;
(9)建设及施工场地征用数量汇总表。

## 三、概算附件组成内容

(1)人工预算单价计算表;
(2)主要材料运输费用计算表;
(3)主要材料预算价格计算表;
(4)施工用电价格计算书;
(5)施工用水价格计算书;
(6)施工用风价格计算书;
(7)补充定额计算书;
(8)补充施工机械台时费计算书;
(9)砂石料单价计算书;
(10)混凝土材料单价计算表;
(11)建筑工程单价表;
(12)安装工程单价表;
(13)主要设备运杂费率计算书;
(14)临时房屋建筑工程投资计算书;
(15)独立费用计算书(按独立项目分项计算);

# 前 言

根据“全国高等院校水利水电类精品规划教材”的指导思想，组织编写了《水利工程造价编制实训》一书，以适应水利水电工程相关专业的教学需要。

本书的编写思路为“知识概要、工程实训案例、案例资料分析”相结合，并把重点放在实训指导上。本书理论部分言简意赅，工程案例非常具有代表性，案例资料分析给出了4个工程的造价编制资料及编制过程分析，完全符合循序渐进的学习过程。书中采用了国家最新颁布的定额、标准、规范和规定，选用了两个典型的工程案例，取材合理，力求实用性、应用性、先进性、可操作性相结合，理论联系实际，循序渐进，通俗易懂。

课程实训是培养学生加强动手能力的主要教学环节。本书选择了两个典型工程案例，供学生进行课程实训使用，也可供相关专业学员和工程技术人员参考。

本书第一～三章由沈阳农业大学李春生编写；第四章由国家电力公司中南勘测设计研究院胡祥建和李春生编写；第五～七章由沈阳农业大学李玉清编写；第八～十一章由沈阳农业大学李春生及谷晓萍、国家电力公司中南勘测设计研究院崔金虎、中国水利水电第十二工程局余治武编写；附录部分由谷晓萍整理。全书由李春生统稿。

本书在编写过程中，湖北省孝感市水利勘测设计院向志波、湖北省荆州市长江河道管理局陈飞、沈阳农业大学徐伟老师提供了大量资料和编写建议，在此一并表示衷心的感谢。

由于编写时间仓促，水平有限，书中难免有不少缺点和错误，望广大读者给予批评指正。

编 者

2008 年 5 月

# 目　录

## 第四篇　水利工程造价编制题目

# 第一篇 水利工程概算编制实训

## 第一章 概算文件组成及编制程序

### 第一节 概算文件组成内容

一、编制说明

**(一)工程概况**

流域,河系,兴建地点,对外交通条件,工程规模,工程效益,工程布置型式,主体建筑工程量,主要材料用量,施工总工期,施工总工时,施工平均人数和高峰人数,资金筹措情况和投资比例等。

**(二)投资主要指标**

工程总投资和静态总投资,年度价格指数,基本预备费率,建设期融资额度、利率和利息等。

**(三)编制原则和依据**

(1)概算编制原则和依据。

(2)人工预算单价,主要材料预算价格,施工用电、水、风价格,砂石料单价等基础单价的计算依据。

(3)主要设备价格的编制依据。

(4)建筑安装工程定额、施工机械台时费定额和有关指标的采用依据。

(5)费用计算标准及依据。

(6)工程资金筹措方案。

**(四)概算编制中其他应说明的问题**

(略)

**(五)主要技术经济指标表**

(略)

**(六)工程概算总表**

(略)

(16)分年度投资表；
(17)资金流量计算表；
(18)价差预备费计算表；
(19)建设期融资利息计算书；
(20)计算人工、材料、设备预算价格和费用依据的有关文件、询价报价资料及其他。

**注：概算正件及附件均应单独成册并随初步设计文件报审。**

## 第二节　概算表格

### 一、工程概算总表

工程概算总表(见表1-1)由工程部分总概算表与移民环境部分总概算表汇总而成。

表中Ⅰ是工程部分总概算。

表中Ⅱ是移民环境部分总概算。

表中Ⅲ为前两部分合计静态总投资和总投资。

**表1-1　工程概算总表**　　单位：万元

| 序　号 | 工程或费用名称 | 建安工程费 | 设备购置费 | 独立费用 | 合　计 |
|---|---|---|---|---|---|
| Ⅰ | 工程部分投资<br>⋮<br>静态总投资<br>⋮<br>总投资 | | | | |
| Ⅱ | 移民环境投资<br>⋮<br>静态总投资<br>⋮<br>总投资 | | | | |
| Ⅲ | 工程投资总计 | | | | |
| | 静态总投资 | | | | |
| | 总投资 | | | | |

### 二、概算表

概算表包括总概算表、建筑工程概算表、施工临时工程概算表、独立费用概算表、机电设备及安装工程概算表、金属结构设备及安装工程概算表、分年度投资表、资金流量表，(见表1-2～表1-6)。

**(一)总概算表**

按项目划分的五部分填表并列至一级项目。五部分之后的内容为：一至五部分投资合计、基本预备费、静态总投资、价差预备费、建设期融资利息、总投资。

**表 1-2 总概算表**

单位:万元

| 序 号 | 工程或费用名称 | 建安工程费 | 设备购置费 | 独立费用 | 合 计 | 占一至五部分投资(%) |
|---|---|---|---|---|---|---|
| | 各部分投资 | | | | | |
| | 一至五部分投资合计 | | | | | |
| | 基本预备费 | | | | | |
| | 静态总投资 | | | | | |
| | 价差预备费 | | | | | |
| | 建设期融资利息 | | | | | |
| | 总投资 | | | | | |

**(二)建筑工程概算表**

按项目划分列至三级项目。

本表适用于编制建筑工程概算、施工临时工程概算和独立费用概算。

**表 1-3 建筑工程概算表**

| 序 号 | 工程或费用名称 | 单 位 | 数 量 | 单价(元) | 合计(万元) |
|---|---|---|---|---|---|
| | | | | | |

**(三)设备及安装工程概算表**

按项目划分列至三级项目。

本表适用于编制机电设备和金属结构设备及安装工程概算。

**表 1-4 设备及安装工程概算表**

| 序 号 | 名称及规格 | 单 位 | 数 量 | 单价(元) | | 合计(万元) | |
|---|---|---|---|---|---|---|---|
| | | | | 设备费 | 安装费 | 设备费 | 安装费 |
| | | | | | | | |

**(四)分年度投资表**

可视不同情况按项目划分列至一级项目。枢纽工程原则上按表 1-5 编制分年度投资,为编制资金流量表作准备。某些工程施工期较短,可不编制资金流量表,因此其分年度投资表的项目可按工程部分总概算表的项目列入。

**表 1-5 分年度投资表**

单位:万元

| 项 目 | 合 计 | 建设工期(年) | | | | | | | |
|---|---|---|---|---|---|---|---|---|---|
| | | 1 | 2 | 3 | 4 | 5 | 6 | 7 | 8 |
| 一、建筑工程 | | | | | | | | | |
| 1. 建筑工程 | | | | | | | | | |
| ×××工程(一级项目) | | | | | | | | | |

续表 1-5

| 项　目 | 合　计 | 建设工期(年) | | | | | | | |
|---|---|---|---|---|---|---|---|---|---|
| | | 1 | 2 | 3 | 4 | 5 | 6 | 7 | 8 |
| 2. 施工临时工程 | | | | | | | | | |
| ×××工程(一级项目) | | | | | | | | | |
| 二、安装工程 | | | | | | | | | |
| 1. 发电设备安装工程 | | | | | | | | | |
| 2. 变电设备安装工程 | | | | | | | | | |
| 3. 公用设备安装工程 | | | | | | | | | |
| 4. 金属结构设备安装工程 | | | | | | | | | |
| 三、设备工程 | | | | | | | | | |
| 1. 发电设备 | | | | | | | | | |
| 2. 变电设备 | | | | | | | | | |
| 3. 公用设备 | | | | | | | | | |
| 4. 金属结构设备 | | | | | | | | | |
| 四、独立费用 | | | | | | | | | |
| 1. 建设管理费 | | | | | | | | | |
| 2. 生产准备费 | | | | | | | | | |
| 3. 科研勘测设计费 | | | | | | | | | |
| 4. 建设及施工场地征用费 | | | | | | | | | |
| 5. 其他 | | | | | | | | | |
| 一至四部分合计 | | | | | | | | | |

**(五)资金流量表**

可视不同情况按项目划分列至一级或二级项目。

**表 1-6　资金流量表**　　单位:万元

| 项　目 | 合　计 | 建设工期(年) | | | | | | | |
|---|---|---|---|---|---|---|---|---|---|
| | | 1 | 2 | 3 | 4 | 5 | 6 | 7 | 8 |
| 一、建筑工程 | | | | | | | | | |
| 分年度资金流量 | | | | | | | | | |
| ×××工程 | | | | | | | | | |
| ⋮ | | | | | | | | | |
| 二、安装工程 | | | | | | | | | |
| 分年度资金流量 | | | | | | | | | |
| 三、设备工程 | | | | | | | | | |
| 分年度资金流量 | | | | | | | | | |
| 四、独立费用 | | | | | | | | | |

续表 1-6

| 项　目 | 合　计 | 建设工期(年) | | | | | | | |
|---|---|---|---|---|---|---|---|---|---|
| | | 1 | 2 | 3 | 4 | 5 | 6 | 7 | 8 |
| 分年度资金流量 | | | | | | | | | |
| 一至四部分合计 | | | | | | | | | |
| 分年度资金流量 | | | | | | | | | |
| 基本预备费 | | | | | | | | | |
| 静态总投资 | | | | | | | | | |
| 价差预备费 | | | | | | | | | |
| 建设期融资利息 | | | | | | | | | |
| 总投资 | | | | | | | | | |

## 三、概算附表

概算附表包括建筑工程单价汇总表、安装工程单价汇总表、主要材料预算价格汇总表、次要材料预算价格汇总表、施工机械台时费汇总表、主要工程量汇总表、主要材料量汇总表、工时数量汇总表、建设及施工场地征用数量汇总表，见表 1-7 ~ 表 1-15。

表 1-7　建筑工程单价汇总表　　单位:元

| 序号 | 名称 | 单位 | 单价 | 其　中 | | | | | | | |
|---|---|---|---|---|---|---|---|---|---|---|---|
| | | | | 人工费 | 材料费 | 机械使用费 | 其他直接费 | 现场经费 | 间接费 | 企业利润 | 税金 |
| | | | | | | | | | | | |

表 1-8　安装工程单价汇总表　　单位:元

| 序号 | 名称 | 单位 | 单价 | 其　中 | | | | | | | | |
|---|---|---|---|---|---|---|---|---|---|---|---|---|
| | | | | 人工费 | 材料费 | 机械使用费 | 装置性材料费 | 其他直接费 | 现场经费 | 间接费 | 企业利润 | 税金 |
| | | | | | | | | | | | | |

表 1-9　主要材料预算价格汇总表　　单位:元

| 序号 | 名称及规格 | 单位 | 预算价格 | 其　中 | | | |
|---|---|---|---|---|---|---|---|
| | | | | 原价 | 运杂费 | 运输保险费 | 采购及保管费 |
| | | | | | | | |

表 1-10 次要材料预算价格汇总表 单位:元

| 序号 | 名称及规格 | 单位 | 原价 | 运杂费 | 合计 |
| --- | --- | --- | --- | --- | --- |
| | | | | | |

表 1-11 施工机械台时费汇总表 单位:元

| 序号 | 名称及规格 | 台时费 | 其中 | | | | |
| --- | --- | --- | --- | --- | --- | --- | --- |
| | | | 折旧费 | 修理及替换设备费 | 安拆费 | 人工费 | 动力燃料费 |
| | | | | | | | |

表 1-12 主要工程量汇总表

| 序号 | 项目 | 土石方明挖($m^3$) | 石方洞挖($m^3$) | 土石方填筑($m^3$) | 混凝土($m^3$) | 模板($m^2$) | 钢筋(t) | 帷幕灌浆(m) | 固结灌浆(m) |
| --- | --- | --- | --- | --- | --- | --- | --- | --- | --- |
| | | | | | | | | | |

表 1-13 主要材料量汇总表

| 序号 | 项目 | 水泥(t) | 钢筋(t) | 钢材(t) | 木材($m^3$) | 炸药(t) | 沥青(t) | 粉煤灰(t) | 汽油(t) | 柴油(t) |
| --- | --- | --- | --- | --- | --- | --- | --- | --- | --- | --- |
| | | | | | | | | | | |

表 1-14 工时数量汇总表

| 序　号 | 项　目 | 工时数量 | 备注 |
| --- | --- | --- | --- |
| | | | |

表 1-15 建设及施工场地征用数量汇总表

| 序　号 | 项　目 | 占地面积(亩) | 备注 |
| --- | --- | --- | --- |
| | | | |

注:1 亩 $=1/15\mathrm{hm}^2$。

## 四、概算附件附表

概算附件附表包括人工预算单价计算表、主要材料运输费用计算表、主要材料预算价格计算表、混凝土材料单价计算表、建筑工程单价表、安装工程单价表、资金流量计算表,见表 1-16 ~ 表 1-22 主要技术经济指标表可根据工程具体情况进行编制,反映出主要技术经济指标即可。表 1-23为某工程的主要技术经济指标表,供参考使用。

**表 1-16　人工预算单价计算表**

| 地区类别 | | 定额人工等级 | |
|---|---|---|---|
| 序　　号 | 项　　目 | 计算式 | 单价(元) |
| 1 | 基本工资 | | |
| 2 | 辅助工资 | | |
| (1) | 地区津贴 | | |
| (2) | 施工津贴 | | |
| (3) | 夜餐津贴 | | |
| (4) | 节日加班津贴 | | |
| 3 | 工资附加费 | | |
| (1) | 职工福利基金 | | |
| (2) | 工会经费 | | |
| (3) | 养老保险费 | | |
| (4) | 医疗保险费 | | |
| (5) | 工伤保险费 | | |
| (6) | 职工失业保险基金 | | |
| (7) | 住房公积金 | | |
| 4 | 人工工日预算单价 | | |
| 5 | 人工工时预算单价 | | |

**表 1-17　主要材料运输费用计算表**

| 编号 | 1 | 2 | 3 | 材料名称 | | | | 材料编号 | |
|---|---|---|---|---|---|---|---|---|---|
| 交货条件 | | | | 运输方式 | 火车 | 汽车 | 船运 | 火车 | |
| 交货地点 | | | | 货物等级 | | | | 整车 | 零担 |
| 交货比例(%) | | | | 装载系数 | | | | | |

| 编号 | 运输费用项目 | 运输起讫地点 | 运输距离(km) | 计算公式 | 合计(元) |
|---|---|---|---|---|---|
| 1 | 铁路运杂费 | | | | |
| | 公路运杂费 | | | | |
| | 水路运杂费 | | | | |
| | 场内运杂费 | | | | |
| | 综合运杂费 | | | | |
| 2 | 铁路运杂费 | | | | |
| | 公路运杂费 | | | | |
| | 水路运杂费 | | | | |
| | 场内运杂费 | | | | |
| | 综合运杂费 | | | | |
| 3 | 铁路运杂费 | | | | |
| | 公路运杂费 | | | | |
| | 水路运杂费 | | | | |
| | 场内运杂费 | | | | |
| | 综合运杂费 | | | | |
| 每吨运杂费 | | | | | |

表 1-18　主要材料预算价格计算表

| 编号 | 名称及规格 | 单位 | 原价依据 | 单位毛重(t) | 每吨运费(元) | 价格(元) | | | | | |
|---|---|---|---|---|---|---|---|---|---|---|---|
| | | | | | | 原价 | 运杂费 | 采购及保管费 | 运到工地分仓库价格 | 保险费 | 预算价格 |
| | | | | | | | | | | | |

表 1-19　混凝土材料单价计算表　单位:$m^3$

| 编号 | 混凝土标号 | 水泥强度等级 | 级配 | 预算量 | | | | | | 单价(元) |
|---|---|---|---|---|---|---|---|---|---|---|
| | | | | 水泥(kg) | 掺和料(kg) | 砂($m^3$) | 石子($m^3$) | 外加剂(kg) | 水(kg) | |
| | | | | | | | | | | |

表 1-20　建筑工程单价表

定额编号____________　项目____________　定额单位____________

施工方法:

| 编号 | 名称 | 单位 | 数量 | 单价(元) | 合计(元) |
|---|---|---|---|---|---|
| | | | | | |

表 1-21　安装工程单价表

定额编号____________　项目____________　定额单位____________

型号规格:

| 编号 | 名称 | 单位 | 数量 | 单价(元) | 合计(元) |
|---|---|---|---|---|---|
| | | | | | |

表 1-22　资金流量计算表　单位:万元

| 项　目 | 合计 | 建设工期(年) | | | | | | | |
|---|---|---|---|---|---|---|---|---|---|
| | | 1 | 2 | 3 | 4 | 5 | 6 | 7 | 8 |
| 一、建筑工程 | | | | | | | | | |
| (一)×××工程 | | | | | | | | | |
| 1. 分年度完成工作量 | | | | | | | | | |
| 2. 预付款 | | | | | | | | | |
| 3. 扣回预付款 | | | | | | | | | |
| 4. 保留金 | | | | | | | | | |
| 5. 偿还保留金 | | | | | | | | | |

续表 1-22

| 项　目 | 合计 | 建设工期(年) | | | | | | | |
|---|---|---|---|---|---|---|---|---|---|
| | | 1 | 2 | 3 | 4 | 5 | 6 | 7 | 8 |
| (二)×××工程 | | | | | | | | | |
| ⋮ | | | | | | | | | |
| 二、安装工程 | | | | | | | | | |
| 1. 分年度完成安装费 | | | | | | | | | |
| 2. 预付款 | | | | | | | | | |
| 3. 扣回预付款 | | | | | | | | | |
| 4. 保留金 | | | | | | | | | |
| 5. 偿还保留金 | | | | | | | | | |
| 三、设备工程 | | | | | | | | | |
| 1. 分年度完成设备费 | | | | | | | | | |
| 2. 预付款 | | | | | | | | | |
| 3. 扣回预付款 | | | | | | | | | |
| 4. 保留金 | | | | | | | | | |
| 5. 偿还保留金 | | | | | | | | | |
| 四、独立费用 | | | | | | | | | |
| 1. 分年度费用 | | | | | | | | | |
| 2. 保留金 | | | | | | | | | |
| 3. 偿还保留金 | | | | | | | | | |
| 一至四部分合计 | | | | | | | | | |
| 1. 分年度工作量 | | | | | | | | | |
| 2. 预付款 | | | | | | | | | |
| 3. 扣回预付款 | | | | | | | | | |
| 4. 保留金 | | | | | | | | | |
| 5. 偿还保留金 | | | | | | | | | |
| 基本预备费 | | | | | | | | | |
| 静态总投资 | | | | | | | | | |
| 价差预备费 | | | | | | | | | |
| 建设期融资利息 | | | | | | | | | |
| 总投资 | | | | | | | | | |

**表 1-23　主要技术经济指标表**

| | | | | | | |
|---|---|---|---|---|---|---|
| 河　系 | | | 发电厂 | 型　式 | | 地下厂房 |
| 建设地点 | | | | 厂房尺寸(长×宽×高) | | |
| 设计单位 | | | | 水泵水轮机型号 | | |
| 建设单位 | | | | 装机容量 | | |
| 水　库 | 上水库 | 下水库 | | 保证出力 | | 万 kW |
| 正常蓄水位 | | | | 年发电量 | | 亿 kWh |
| 总库容 | | | | 年抽水电量 | | 亿 kWh |
| 调节库容 | | | | 建筑工程投资 | | 万元 |
| 建设占地 | | | | 单位千瓦指标 | | 元 |
| 迁移人口 | | | | 单位空间体积指标 | | 元/$m^3$ |
| 迁移费用 | | | | 发电设备投资 | | 万元 |
| 单位指标 | | | | 单位千瓦指标 | | 元 |
| 拦河坝(闸) | 主坝 | 副坝 | | 单位电量指标 | | 元 |
| 型　式 | 混凝土面板堆石坝 | 混凝土面板堆石坝 | 主体建筑工程量 | 开挖 | 明挖土石方 | 万 $m^3$ |
| | | | | | 洞挖石方 | 万 $m^3$ |
| 最大坝高 | | | | 填筑 | 石方 | 万 $m^3$ |
| 坝体方量 | | | | | 混凝土 | 万 $m^3$ |
| 投　资 | | | 主要材料用量 | 水泥 | | 万 t |
| 单位指标 | | | | 钢筋、钢材 | | 万 t |
| 引水隧洞 | 型式 | | | 木材 | | 万 $m^3$ |
| | 直径 | | | 粉煤灰 | | 万 t |
| | 长度/条数 | | 全员人数 | 高峰人数 | | 人 |
| | 投资 | | | 平均人数 | | 人 |
| | 单位指标 | | | 总工时 | | 万工时 |
| 静态投资 | | 万元 | 计划施工时间 | 筹建期 | | 月 |
| 总投资 | | 万元 | | 第一台机组发电工期 | | 月 |
| 单位千瓦静态投资 | | 元 | | 竣工工期 | | 月 |
| 单位年发电量投资 | | 元/kWh | | 总工期(不含筹建期) | | 月 |
| 第一台机组发电静态总投资 | | 万元 | | | | |
| 第一台机组发电总投资 | | 万元 | | | | |
| 工程建设期贷款利息 | | 万元 | | | | |
| 工程投资 | | 万元 | | | | |
| 生产单位定员 | | 人 | | | | |

## 第三节　概算编制程序

概算编制程序如下：

(1)熟悉工程的基本情况。编制概算前要熟悉上一阶段设计文件和本阶段设计成果，从而了解工程规模、主要水工建筑物的结构型式和技术数据、工程布置、设备型号、地形地质、施工场地布置、对外交通方式、施工导流、施工进度及主体工程施工方法等。

(2)搜集所需的资料。深入实地进行踏勘，了解工程和工地现场情况、砂砾料与天然建筑材料料场开采运输条件、场内外交通运输条件等情况。搜集人工工资、运杂费、供电价格、设备价格等各项基础资料，并且注意新技术、新工艺、新定额资料的搜集与分析。

(3)编制基础单价。基础单价是编制工程单价时计算人工费、材料费和机械使用费所必需的最基本的价格资料，水利水电工程概预算基础单价有：人工预算单价，材料预算价格和施工机械台时费，水、电、风、砂、石单价等。

(4)工程项目划分。

(5)计算工程概算单价。

(6)计算工程量。

(7)编制各部分工程概算及总概算。

(8)进行人、材、机的分析。

# 第二章　费用构成

## 第一节　概　述

水利工程建设项目费用构成内容如下：

- 建设项目费用
  - 工程费
    - 建筑及安装工程费
    - 设备费
  - 独立费用
  - 预备费
  - 建设期融资利息

### 一、建筑及安装工程费

建筑及安装工程费由直接工程费、间接费、企业利润和税金组成。

(1)直接工程费。包括:①直接费;②其他直接费;③现场经费。

(2)间接费。包括:①企业管理费;②财务费用;③其他费用。

(3)税金。包括:①营业税;②城市维护建设税;③教育费附加。

### 二、设备费

设备费由设备原价、运杂费、运输保险费、采购及保管费组成。

### 三、独立费用

独立费用由建设管理费、生产准备费、科研勘测设计费、建设及施工场地征用费和其他组成。

(1)建设管理费。包括:①项目建设管理费;②工程建设监理费;③联合试运转费。

(2)生产准备费。包括:①生产及管理单位提前进厂费;②生产职工培训费;③管理用具购置费;④备品备件购置费;⑤工器具及生产家具购置费。

(3)科研勘测设计费。包括:①工程科学研究试验费;②工程勘测设计费。

(4)其他。包括:①定额编制管理费;②工程质量监督费;③工程保险费;④其他税费。

### 四、预备费

预备费由基本预备费和价差预备费组成。

## 第二节 建筑及安装工程费

建筑及安装工程费由直接工程费、间接费、企业利润、税金组成。

### 一、直接工程费

直接工程费指建筑安装工程施工过程中直接消耗在工程项目上的活劳动和物化劳动。由直接费、其他直接费、现场经费组成。

直接费包括人工费、材料费、施工机械使用费。

其他直接费包括冬雨季施工增加费、夜间施工增加费、特殊地区施工增加费和其他。

现场经费包括临时设施费和现场管理费。

**(一)直接费**

1.人工费

人工费指直接从事建筑安装工程施工的生产工人开支的各项费用,包括以下内容。

1)基本工资

基本工资由岗位工资、年功工资以及年应工作天数内非作业天数的工资组成。

(1)岗位工资。指按照职工所在岗位各项劳动要素测评结果确定的工资。

(2)年功工资。指按照职工工作年限确定的工资,随工作年限增加而逐年累加。

(3)生产工人年应工作天数以内非作业天数的工资:包括职工开会学习、培训期间的工资,调动工作、探亲、休假期间的工资,因气候影响的停工工资,女工哺乳期间的工资,病假在六个月以内的工资及产、婚、丧假期的工资。

2)辅助工资

辅助工资指在基本工资之外,以其他形式支付给职工的工资性收入,包括:根据国家有关规定属于工资性质的各种津贴,主要包括地区津贴、施工津贴、夜餐津贴、节日加班津贴等。

3)工资附加费

工资附加费指按照国家规定提取的职工福利基金、工会经费、养老保险费、医疗保险费、工伤保险费、职工失业保险基金和住房公积金。

2.材料费

材料费指用于建筑安装工程项目上的消耗性材料、装置性材料和周转性材料摊销费。包括定额工作内容规定应计入的未计价材料和计价材料。

材料预算价格一般包括材料原价、包装费、运杂费、运输保险费和采购及保管费五项。

(1)材料原价。指材料指定交货地点的价格。

(2)包装费。指材料在运输和保管过程中的包装费和包装材料的折旧摊销费。

(3)运杂费。指材料从指定交货地点至工地分仓库或相当于工地分仓库(材料堆放场)所发生的全部费用。包括运输费、装卸费、调车费及其他杂费。

(4)运输保险费。指材料在运输途中的保险费。

(5)采购及保管费。指材料在采购、供应和保管过程中所发生的各项费用。主要包括：材料的采购、供应和保管部门工作人员的基本工资、辅助工资、工资附加费、教育经费、办公费、差旅交通费及工具用具使用费；仓库、转运站等设施的检修费，固定资产折旧费，技术安全措施费和材料检验费；材料在运输、保管过程中发生的损耗等。

3. 施工机械使用费

施工机械使用费指消耗在建筑安装工程项目上的机械磨损、维修和动力燃料费用等。其包括折旧费、修理及替换设备费、安装拆卸费、机上人工费和动力燃料费等。

（1）折旧费。指施工机械在规定使用年限内回收原值的台时折旧摊销费用。

（2）修理及替换设备费。修理费指施工机械在使用过程中，为了使机械保持正常功能而进行修理所需的摊销费用和机械正常运转及日常保养所需的润滑油料、擦拭用品的费用，以及保管机械所需的费用。替换设备费指施工机械正常运转时所耗用的替换设备及随机使用的工具附具等摊销费用。

（3）安装拆卸费。指施工机械进出工地的安装、拆卸、试运转和场内转移及辅助设施的摊销费用。部分大型施工机械的安装拆卸不在其施工机械使用费中计列，包含在其他施工临时工程中。

（4）机上人工费。指施工机械使用时机上操作人员人工费用，其机上人工费单价采用中级工预算单价。

（5）动力燃料费。指施工机械正常运转时所耗用的风、水、电、油和煤等费用，机上使用材料单价采用相应材料预算价格。

**（二）其他直接费**

1. 冬雨季施工增加费

冬雨季施工增加费指在冬雨季施工期间为保证工程质量和安全生产所需增加的费用。其包括增加施工工序，增设防雨、保温、排水等设施增耗的动力、燃料、材料以及因人工、机械效率降低而增加的费用。

2. 夜间施工增加费

夜间施工增加费指施工场地和公用施工道路的照明费用。

3. 特殊地区施工增加费

特殊地区施工增加费指在高海拔和原始森林等特殊地区施工而增加的费用。

4. 其他

其他包括施工工具用具使用费、检验试验费、工程定位复测、工程点交、竣工场地清理、工程项目及设备仪表移交生产前的维护观察费等。其中，施工工具用具使用费指施工生产所需，但不属于固定资产的生产工具，检验、试验用具等的购置、摊销和维护费。检验试验费，指对建筑材料、构件和建筑安装物进行一般鉴定、检查所发生的费用，包括自设实验室所耗用的材料和化学药品费用，以及技术革新和研究试验费，不包括新结构、新材料的试验费和建设单位要求对具有出厂合格证明的材料进行试验、对构件进行破坏性试验，以及其他特殊要求检验试验的费用。

**（三）现场经费**

1. 临时设施费

临时设施费指施工企业为进行建筑安装工程施工所必需的但又未被划入施工临时工

程的临时建筑物、构筑物和各种临时设施的建设、维修、拆除、摊销等。如:供风、供水(支线)、供电(场内)、供热系统及通信支线,土石料场,简易砂石料加工系统,小型混凝土拌和浇筑系统,木工、钢筋、机修等辅助加工厂,混凝土预制构件厂,场内施工排水,场地平整,道路养护及其他小型临时设施等。

2. 现场管理费

内容包括:

(1)现场管理人员的基本工资、辅助工资、工资附加费和劳动保护费。

(2)办公费。指现场办公用的文具、纸张、账表、印刷、邮电、书报、会议、水、电、烧水和集体取暖(包括现场临时宿舍取暖)用煤等费用。

(3)差旅交通费。指现场职工因公出差期间的差旅费、误餐补助费,职工探亲路费,劳动力招募费,职工离退休、退职一次性路费,工伤人员就医路费,工地转移费以及现场职工使用的交通工具运行费、养路费及牌照费。

(4)固定资产使用费。指现场管理使用的属于固定资产的设备、仪器等的折旧、大修理、维修费或租赁费等。

(5)工具用具使用费。指现场管理使用的不属于固定资产的工具,器具,家具,交通工具和检验、试验、测绘、消防用具等的购置、维修和摊销费。

(6)保险费。指施工管理用财产、车辆保险费,高空、井下、洞内、水下、水上作业等特殊工种安全保险费等。

(7)其他费用。

## 二、间接费

间接费指施工企业为建筑安装工程施工而进行组织与经营管理所发生的各项费用。它构成产品成本,由企业管理费、财务费用和其他费用组成。

### (一)企业管理费

企业管理费指施工企业为组织施工生产经营活动所发生的费用。内容包括:

(1)管理人员的基本工资、辅助工资、工资附加费和劳动保护费。

(2)差旅交通费。指施工企业管理人员因公出差、工作调动的差旅费、误餐补助费,职工探亲路费,劳动力招募费,离退休职工一次性路费及交通工具油料、燃料、牌照、养路费等。

(3)办公费。指企业办公用文具、印刷、邮电、书报、会议、水电、燃煤(气)等费用。

(4)固定资产折旧、修理费。指企业属于固定资产的房屋、设备、仪器等折旧及维修等费用。

(5)工具用具使用费。指企业管理使用不属于固定资产的工具,用具,家具,交通工具,检验、试验、消防用具等的摊销及维修费用。

(6)职工教育经费。指企业为职工学习先进技术和提高文化水平按职工工资总额计提的费用。

(7)劳动保护费。指企业按照国家有关部门规定标准发放给职工的劳动保护用品的购置费,修理费,保健费,防暑降温费,高空作业及进洞津贴,技术安全措施以及洗澡用水、饮用水的燃料费等。

(8)保险费。指企业财产保险、管理用车辆保险等保险费用。

(9)税金。指企业按规定缴纳的房产税、管理用车辆使用税、印花税等。

(10)其他。包括技术转让费、设计收费标准中未包括的应由施工企业承担的部分施工辅助工程设计费、投标报价费、工程图纸资料费及工程摄影费、技术开发费、业务招待费、绿化费、公证费、法律顾问费、审计费、咨询费等。

**(二)财务费用**

财务费用指施工企业为筹集资金而发生的各项费用,包括企业经营期间发生的短期融资利息净支出、汇兑净损失、金融机构手续费,企业筹集资金发生的其他财务费用,以及投标和承包工程发生的保函手续费等。

**(三)其他费用**

其他费用指企业定额测定费及施工企业进退场补贴费。

### 三、企业利润

企业利润指按规定应计入建筑安装工程费用中的利润。

### 四、税金

税金指国家对施工企业承担建筑、安装工程作业收入所征收的营业税、城市维护建设税和教育费附加。

## 第三节　设备费

设备费包括设备原价、运杂费、运输保险费和采购及保管费。

### 一、设备原价

(1)国产设备,其原价指出厂价。

(2)进口设备,以到岸价和进口征收的税金、手续费、商检费及港口费等各项费用之和为原价。

(3)大型机组拆卸分装运至工地后的拼装费用,应包括在设备原价内。

### 二、运杂费

运杂费指设备由厂家运至工地安装现场所发生的一切运杂费用。包括运输费、调车费、装卸费、包装绑扎费、大型变压器充氮费及可能发生的其他杂费。

### 三、运输保险费

运输保险费指设备在运输过程中的保险费用。

### 四、采购及保管费

采购及保管费指建设单位和承包商在负责设备的采购、保管过程中发生的各项费用。

主要包括：

（1）采购保管部门工作人员的基本工资、辅助工资、工资附加费、劳动保护费、教育经费、办公费、差旅交通费、工具用具使用费等。

（2）仓库、转运站等设施的运行费、维修费，固定资产折旧费，技术安全措施费和设备的检验、试验费等。

## 第四节　独立费用

独立费用由建设管理费、生产准备费、科研勘测设计费、建设及施工场地征用费和其他五项组成。

### 一、建设管理费

建设管理费指建设单位在工程项目筹建和建设期间进行管理工作所需的费用。包括项目建设管理费、工程建设监理费和联合试运转费。

**（一）项目建设管理费**

项目建设管理费包括建设单位开办费和建设单位经常费。

（1）建设单位开办费。指新组建的工程建设单位，为开展工作所必须购置的办公及生活设施、交通工具等，以及其他用于开办工作的费用。

（2）建设单位经常费。包括建设单位人员经常费和工程管理经常费。

①建设单位人员经常费。指建设单位从批准组建之日起至完成该工程建设管理任务之日止，需开支的经常费用。主要包括工作人员的基本工资、辅助工资、工资附加费、劳动保护费、教育经费、办公费、差旅交通费、会议费、交通车辆使用费、技术图书资料费、固定资产折旧费、零星固定资产购置费、低值易耗品摊销费、工具用具使用费、修理费、水电费、采暖费等。

②工程管理经常费。指建设单位从筹建到竣工期间所发生的各种管理费用。包括：该工程建设过程中用于资金筹措、召开董事（股东）会议、视察工程建设所发生的会议和差旅等费用；建设单位为解决工程建设涉及到的技术、经济、法律等问题需要进行咨询所发生的费用；建设单位进行项目管理所发生的土地使用税、房产税、合同公证费、审计费、招标业务费等；施工期所需的水情、水文、泥沙、气象监测费和报汛费；工程验收费和由主管部门主持对工程设计审查、安全进行鉴定等费用；在工程建设过程中，必须派驻工地的公安、消防部门的补贴费以及其他属于工程管理性质开支的费用。

**（二）工程建设监理费**

工程建设监理费指在工程建设过程中聘任监理单位，对工程的质量、进度、安全和投资进行监理所发生的全部费用。其包括监理单位为保证监理工作正常开展而必须购置的交通工具、办公及生活设备、检验试验设备以及监理人员的基本工资、辅助工资、工资附加费、劳动保护费、教育经费、办公费、差旅交通费、会议费、技术图书资料费、固定资产折旧费、零星固定资产购置费、低值易耗品摊销费、工具用具使用费、修理费、水电费、采暖费等。

**（三）联合试运转费**

联合试运转费指水利工程的发电机组、水泵等安装完毕，在竣工验收前，进行整套设备带负荷联合试运转期间所需的各项费用。主要包括联合试运转期间所消耗的燃料、动力、材料及机械使用费，工具用具购置费，施工单位参加联合试运转人员的工资等。

## 二、生产准备费

生产准备费指水利水电建设项目的生产、管理单位为准备正常的生产运行或管理发生的费用。其包括生产及管理单位提前进厂费、生产职工培训费、管理用具购置费、备品备件购置费和工器具及生产家具购置费。

**（一）生产及管理单位提前进厂费**

生产及管理单位提前进厂费指在工程完工之前，生产、管理单位有一部分工人、技术人员和管理人员提前进厂进行生产筹备工作所需的各项费用。内容包括提前进厂人员的基本工资、辅助工资、工资附加费、劳动保护费、教育经费、办公费、差旅交通费、会议费、技术图书资料费、零星固定资产购置费、低值易耗品摊销费、工具用具使用费、修理费、水电费、采暖费等，以及其他属于生产筹建期间应开支的费用。

**（二）生产职工培训费**

生产职工培训费指工程在竣工验收之前，生产及管理单位为保证生产、管理工作能顺利进行，需对工人、技术人员和管理人员进行培训所发生的费用。其内容包括基本工资、辅助工资、工资附加费、劳动保护费、差旅交通费、实习费，以及其他属于职工培训应开支的费用。

**（三）管理用具购置费**

管理用具购置费指为保证新建项目的正常生产和管理所必须购置的办公和生活用具等费用。其内容包括办公室、会议室、资料档案室、阅览室、文娱室、医务室等公用设施需要配置的家具器具。

**（四）备品备件购置费**

备品备件购置费指工程在投产运行初期，由于易损件损耗和可能发生的事故，而必须准备的备品备件和专用材料的购置费。不包括设备价格中配备的备品备件。

**（五）工器具及生产家具购置费**

工器具及生产家具购置费指按设计规定，为保证初期生产正常运行所必须购置的不属于固定资产标准的生产工具、器具、仪表、生产家具等的购置费。不包括设备价格中已包括的专用工具。

## 三、科研勘测设计费

科研勘测设计费指为工程建设所需的科研、勘测和设计等费用。其包括工程科学研究试验费和工程勘测设计费。

**（一）工程科学研究试验费**

工程科学研究试验费指在工程建设过程中，为解决工程建设技术问题，而进行必要的科学研究试验所需的费用。

**（二）工程勘测设计费**

工程勘测设计费指工程从项目建议书开始至以后各设计阶段发生的勘测费、设计费。

## 四、建设及施工场地征用费

建设及施工场地征用费指根据设计确定的永久、临时工程征地和管理单位用地所发生的征地补偿费用及应缴纳的耕地占用税等。其主要包括征用场地上的林木、作物的赔偿，建筑物迁建及居民迁移费等。

## 五、其他

**（一）定额编制管理费**

定额编制管理费指为水利工程定额的测定、编制、管理等所需的费用。该项费用交由定额管理机构安排使用。

**（二）工程质量监督费**

工程质量监督费指为保证工程质量而进行的检测、监督、检查工作等费用。

**（三）工程保险费**

工程保险费指工程建设期间，为使工程能在遭受水灾、火灾等自然灾害和意外事故造成损失后得到经济补偿，而对建筑安装工程保险所发生的保险费用。

**（四）其他税费**

其他税费指按国家规定应缴纳的与工程建设有关的税费。

# 第五节　预备费及建设期融资利息

## 一、预备费

预备费包括基本预备费和价差预备费。

**（一）基本预备费**

基本预备费指主要为解决在工程施工过程中，经上级批准的设计变更和国家政策性变动增加的投资及为解决意外事故而采取的措施所增加的工程项目和费用。

**（二）价差预备费**

价差预备费主要为解决在工程项目建设过程中，因人工工资、材料和设备价格上涨以及费用标准调整而增加的投资。

## 二、建设期融资利息

建设期融资利息，指根据国家财政金融政策规定，工程在建设期内需偿还并应计入工程总投资的融资利息。

# 第三章　编制方法及计算标准

## 第一节　基础单价编制

### 一、人工预算单价

#### (一)人工预算单价计算方法

1. 基本工资

基本工资(元/工日)=基本工资标准(元/月)×地区工资系数×12月÷年应工作天数×1.068

2. 辅助工资

地区津贴(元/工日)=津贴标准(元/月)×12月÷年应工作天数×1.068

施工津贴(元/工日)=津贴标准(元/天)×365天×95%÷年应工作天数×1.068

夜餐津贴(元/工日)=(中班津贴标准+夜班津贴标准)÷2×(20%~30%)

节日加班津贴(元/工日)=基本工资(元/工日)×3×10÷年应工作天数×35%

3. 工资附加费

职工福利基金(元/工日)=[基本工资(元/工日)+辅助工资(元/工日)]×费率标准(%)

工会经费(元/工日)=[基本工资(元/工日)+辅助工资(元/工日)]×费率标准(%)

养老保险费(元/工日)=[基本工资(元/工日)+辅助工资(元/工日)]×费率标准(%)

医疗保险费(元/工日)=[基本工资(元/工日)+辅助工资(元/工日)]×费率标准(%)

工伤保险费(元/工日)=[基本工资(元/工日)+辅助工资(元/工日)]×费率标准(%)

职工失业保险基金(元/工日)=[基本工资(元/工日)+辅助工资(元/工日)]×费率标准(%)

住房公积金(元/工日)=[基本工资(元/工日)+辅助工资(元/工日)]×费率标准(%)

4. 人工工日预算单价

人工工日预算单价(元/工日)=基本工资+辅助工资+工资附加费

5. 人工工时预算单价

人工工时预算单价(元/工时)=人工工日预算单价(元/工日)÷日工作时间(工时/工日)

**注:①1.068 为年应工作天数内非工作天数的工资系数;②计算夜餐津贴时,式中百分数,枢纽工程取 30%,引水工程及河道工程取 20%。**

**(二)人工预算单价计算标准**

1. 有效工作时间

年应工作天数:251 工日;日工作时间:8 工时/工日。

2. 基本工资

根据国家有关规定和水利部水利企业工资制度改革办法,并结合水利工程特点,分别确定了枢纽工程、引水工程及河道工程六类工资区分级工资标准。按国家规定享受生活费补贴的特殊地区,可按有关规定计算,并计入基本工资。

(1)基本工资标准见表 3-1。

**表 3-1　基本工资标准表(六类工资区)**

| 序号 | 名称 | 单位 | 枢纽工程 | 引水工程及河道工程 |
| --- | --- | --- | --- | --- |
| 1 | 工长 | 元/月 | 550 | 385 |
| 2 | 高级工 | 元/月 | 500 | 350 |
| 3 | 中级工 | 元/月 | 400 | 280 |
| 4 | 初级工 | 元/月 | 270 | 190 |

(2)地区工资系数。根据劳动部规定,六类以上工资区的工资系数如下:

七类工资区　1.026 1

八类工资区　1.052 2

九类工资区　1.078 3

十类工资区　1.104 3

十一类工资区　1.130 4

3. 辅助工资标准

辅助工资标准见表 3-2。

**表 3-2　辅助工资标准表**

| 序号 | 项目 | 枢纽工程 | 引水工程及河道工程 |
| --- | --- | --- | --- |
| 1 | 地区津贴 | 按国家、省、自治区、直辖市的规定 | |
| 2 | 施工津贴 | 5.3 元/天 | 3.5 ~ 5.3 元/天 |
| 3 | 夜餐津贴 | 4.5 元/夜班、3.5 元/中班 | |

注:初级工的施工津贴标准按表中数值的 50% 计取。

4. 工资附加费标准

工资附加费标准见表 3-3。

表 3-3　工资附加费标准表

| 序号 | 项目 | 费率标准(%) | |
|---|---|---|---|
| | | 工长、高中级工 | 初级工 |
| 1 | 职工福利基金 | 14 | 7 |
| 2 | 工会经费 | 2 | 1 |
| 3 | 养老保险费 | 按各省、自治区、直辖市规定 | 按各省、自治区、直辖市规定的50% |
| 4 | 医疗保险费 | 4 | 2 |
| 5 | 工伤保险费 | 1.5 | 1.5 |
| 6 | 职工失业保险基金 | 2 | 1 |
| 7 | 住房公积金 | 按各省、自治区、直辖市规定 | 按各省、自治区、直辖市规定的50% |

**注:**养老保险费费率一般取20%以内,住房公积金费率一般取5%左右。

## 二、材料预算价格

(1)主要材料预算价格。对于用量多、影响工程投资大的主要材料,如钢材、木材、水泥、粉煤灰、油料、火工产品、电缆及母线等,一般需编制材料预算价格。计算公式为:

材料预算价格 =(材料原价 + 包装费 + 运杂费)×(1 + 采购及保管费费率)+ 运输保险费

①材料原价。按工程所在地区就近大的物资供应公司、材料交易中心的市场成交价或设计选定的生产厂家的出厂价计算。

②包装费。应按工程所在地区的实际资料及有关规定计算。

③运杂费。铁路运输按铁道部现行《铁路货物运价规则》及有关规定计算其运杂费。公路及水路运输,按工程所在省、自治区、直辖市交通部门现行规定计算。

④运输保险费。按工程所在省、自治区、直辖市或中国人民保险公司的有关规定计算。

⑤采购及保管费。按材料运到工地仓库价格(不包括运输保险费)的3%计算。

(2)其他材料预算价格可参考工程所在地区的工业与民用建筑安装工程材料预算价格或信息价格。

(3)西藏等地区,部分材料运输距离较远,预算价格较高,应限价计入工程单价,余额以补差形式计算税金后列入本相应部分之后。

## 三、电、水、风预算价格

### (一)施工用电价格

施工用电价格由基本电价、电能损耗摊销费和供电设施维修摊销费组成,根据施工组织设计确定的供电方式以及不同电源的电量所占比例,按国家或工程所在省、自治区、直辖市规定的电网电价和规定的加价进行计算。

电价计算公式为:

电网供电价格 = 基本电价 ÷(1 − 高压输电线路损耗率)÷

(1－35kV 以下变配电设备及配电线路损耗率)＋

供电设施维修摊销费(变配电设备除外)

$$\text{柴油发电机供电价格(自设水泵供冷却水)}=\frac{\text{柴油发电机组(台)时总费用}+\text{水泵组(台)时总费用}}{\text{柴油发电机额定容量之和}\times K}\div$$

$$(1-\text{厂用电率})\div(1-\text{变配电设备及配电线路损耗率})+\text{供电设施维修摊销费}$$

柴油发电机供电如采用循环冷却水，不用水泵，电价计算公式为：

$$\text{柴油发电机供电价格}=\frac{\text{柴油发电机组(台)时总费用}}{\text{柴油发电机额定容量之和}\times K}\div(1-\text{厂用电率})\div$$

$$(1-\text{变配电设备及配电线路损耗率})+\text{单位循环冷却水费}+\text{供电设施维修摊销费}$$

式中：$K$ 为发电机出力系数，一般取 0.8～0.85；厂用电率取 4%～6%；高压输电线路损耗率取 4%～6%；变配电设备及配电线路损耗率取 5%～8%；供电设施维修摊销费取 0.02～0.03 元/kWh；单位循环冷却水费取 0.03～0.05 元/kWh。

**(二)施工用水价格**

施工用水价格由基本水价、供水损耗和供水设施维修摊销费组成，根据施工组织设计所配置的供水系统设备组(台)时总费用和组(台)时总有效供水量计算。

水价计算公式：

$$\text{施工用水价格}=\frac{\text{水泵组(台)时总费用}}{\text{水泵额定容量之和}\times K}\div(1-\text{供水损耗率})+\text{供水设施维修摊销费}$$

式中：$K$ 为能量利用系数，取 0.75～0.85；供水损耗率取 8%～12%；供水设施维修摊销费取 0.02～0.03 元/$m^3$。

**注：①施工用水为多级提水并中间有分流时，要逐级计算水价；②施工用水有循环用水时，水价要根据施工组织设计的供水工艺流程计算。**

**(三)施工用风价格**

施工用风价格由基本风价、供风损耗和供风设施维修摊销费组成，根据施工组织设计所配置的空气压缩机系统设备组(台)时总费用和组(台)时总有效供风量计算。

风价计算公式：

$$\text{施工用风价格}=\frac{\text{空气压缩机组(台)时总费用}+\text{水泵组(台)时总费用}}{\text{空气压缩机额定容量之和}\times 60\text{min}\times K}\div(1-\text{供风损耗率})+\text{供风设施维修摊销费}$$

空气压缩机系统如采用循环冷却水，不用水泵，则风价计算公式为：

$$\text{施工用风价格}=\frac{\text{空气压缩机组(台)时总费用}}{\text{空气压缩机额定容量之和}\times 60\text{min}\times K}\div(1-\text{供风损耗率})+\text{单位循环冷却水费}+\text{供风设施维修摊销费}$$

式中：$K$ 为能量利用系数，取 0.70～0.85；供风损耗率取 8%～12%；单位循环冷却水费取 0.005 元/$m^3$；供风设施维修摊销费取 0.002～0.003 元/$m^3$。

### 四、施工机械使用费

施工机械使用费应根据《水利工程施工机械台时费定额》及有关规定计算。对于定额缺项的施工机械,可补充编制台时费定额。

### 五、砂石料单价

水利工程砂石料由承包商自行采备时,砂石料单价应根据料源情况、开采条件和工艺流程计算,并计入直接工程费、间接费、企业利润及税金。

砂、碎石(砾石)、块石、料石等预算价格控制在70元/$m^3$左右,超过部分计取税金后列入相应部分之后。

### 六、混凝土材料单价

根据设计确定的不同工程部位的混凝土标号、级配和龄期,分别计算出每立方米混凝土材料单价,计入相应的混凝土工程概算单价内。其混凝土配合比的各项材料用量,应根据工程试验提供的资料计算,若无试验资料,也可参照《水利建筑工程概算定额》附录混凝土材料配合比表计算。

## 第二节　建筑、安装工程单价编制

### 一、建筑工程单价

**(一)直接工程费**

直接工程费=直接费+其他直接费+现场经费

1.直接费

直接费=人工费+材料费+机械使用费

人工费=定额劳动量(工时)×人工预算单价(元/工时)

材料费=定额材料用量×材料预算单价

机械使用费=定额机械使用量(台时)×施工机械台时费(元/台时)

2.其他直接费

其他直接费=直接费×其他直接费费率之和

3.现场经费

现场经费=直接费×现场经费费率之和

**(二)间接费**

间接费=直接工程费×间接费费率

**(三)企业利润**

企业利润=(直接工程费+间接费)×企业利润率

**(四)税金**

税金=(直接工程费+间接费+企业利润)×税率

**(五)建筑工程单价**

建筑工程单价=直接工程费+间接费+企业利润+税金

## 二、安装工程单价

**(一)实物量形式的安装单价**

1. 直接工程费

直接工程费=直接费+其他直接费+现场经费

1)直接费

直接费=人工费+材料费+机械使用费

人工费=定额劳动量(工时)×人工预算单价(元/工时)

材料费=定额材料用量×材料预算单价

机械使用费=定额机械使用量(台时)× 施工机械台时费(元/台时)

2)其他直接费

其他直接费=直接费 ×其他直接费费率之和

3)现场经费

现场经费=人工费×现场经费费率之和

2. 间接费

间接费=人工费×间接费费率

3. 企业利润

企业利润=(直接工程费+间接费)×企业利润率

4. 未计价装置性材料费

未计价装置性材料费=未计价装置性材料用量×材料预算单价

5. 税金

税金=(直接工程费+间接费+企业利润+未计价装置性材料费) ×税率

6. 安装单价

安装单价=直接工程费+间接费+企业利润+未计价装置性材料费+税金

**(二)费率形式的安装单价**

1. 直接工程费

直接工程费=直接费+其他直接费+现场经费

1)直接费

直接费=人工费+材料费+机械使用费

人工费=定额人工费(%)×设备原价

材料费=定额材料费(%)×设备原价

装置性材料费=定额装置性材料费(%)×设备原价

机械使用费=定额机械使用费(%)×设备原价

2)其他直接费

其他直接费=直接费×其他直接费费率之和

3)现场经费

现场经费=人工费×现场经费费率之和

2. 间接费

间接费 = 人工费 × 间接费费率

3. 企业利润

企业利润 = (直接工程费 + 间接费) × 企业利润率

4. 税金

税金 = (直接工程费 + 间接费 + 企业利润) × 税率

5. 安装单价

安装单价 = 直接工程费 + 间接费 + 企业利润 + 税金

## 三、其他直接费

### (一)冬雨季施工增加费

计算方法:根据不同地区,按直接费的百分率计算。

| | |
|---|---|
| 西南、中南、华东区 | 0.5% ~1.0% |
| 华北区 | 1.0% ~2.5% |
| 西北、东北区 | 2.5% ~4.0% |

西南、中南、华东区中,按规定不计冬季施工增加费的地区取小值,计算冬季施工增加费的地区可取大值;华北区中,内蒙古等较严寒地区可取大值,其他地区取中值或小值;西北、东北区中,陕西、甘肃等省取小值,其他地区可取中值或大值。

### (二)夜间施工增加费

夜间施工增加费按直接费的百分率计算,其中建筑工程为0.5%、安装工程为0.7%。

照明线路工程费用包括在"临时设施费"中;施工附属企业系统、加工厂、车间的照明,列入相应的产品中,均不包括在本项费用之内。

### (三)特殊地区施工增加费

特殊地区施工增加费指在高海拔和原始森林等特殊地区施工而增加的费用,其中高海拔地区的高程增加费,按规定直接进入定额;其他特殊增加费(如酷热、风沙),应按工程所在地区规定的标准计算,地方没有规定的不得计算此项费用。

### (四)其他

其他按直接费的百分率计算。其中建筑工程为1.0%、安装工程为1.5%。

## 四、现场经费

根据工程性质不同,现场经费标准分为枢纽工程、引水工程及河道工程两部分标准。对于有些施工条件复杂、大型建筑物较多的引水工程可执行枢纽工程的费率标准。

### (一)枢纽工程现场经费标准

枢纽工程现场经费费率见表3-4。

工程类别划分:

(1)土石方工程。包括土石方开挖与填筑、砌石、抛石工程等。

(2)砂石备料工程。包括天然砂砾料和人工砂石料的开采加工。

(3)模板工程。包括现浇各种混凝土时制作及安装的各类模板工程。

表3-4 枢纽工程现场经费费率表

| 序号 | 工程类别 | 计算基础 | 现场经费费率(%) | | |
|---|---|---|---|---|---|
| | | | 合计 | 临时设施费 | 现场管理费 |
| 一 | 建筑工程 | | | | |
| 1 | 土石方工程 | 直接费 | 9 | 4 | 5 |
| 2 | 砂石备料工程(自采) | 直接费 | 2 | 0.5 | 1.5 |
| 3 | 模板工程 | 直接费 | 8 | 4 | 4 |
| 4 | 混凝土浇筑工程 | 直接费 | 8 | 4 | 4 |
| 5 | 钻孔灌浆及锚固工程 | 直接费 | 7 | 3 | 4 |
| 6 | 其他工程 | 直接费 | 7 | 3 | 4 |
| 二 | 机电、金属结构设备安装工程 | 人工费 | 45 | 20 | 25 |

(4)混凝土浇筑工程。包括现浇和预制各种混凝土、钢筋制作安装、伸缩缝、止水、防水层、温控措施等。

(5)钻孔灌浆及锚固工程。包括各种类型的钻孔灌浆、防渗墙及锚杆(索)、喷浆(混凝土)工程等。

(6)其他工程。指除上述工程以外的其他工程。

**(二)引水工程及河道工程现场经费标准**

引水工程及河道工程现场经费费率见表3-5。

表3-5 引水工程及河道工程现场经费费率表

| 序号 | 工程类别 | 计算基础 | 现场经费费率(%) | | |
|---|---|---|---|---|---|
| | | | 合计 | 临时设施费 | 现场管理费 |
| 一 | 建筑工程 | | | | |
| 1 | 土方工程 | 直接费 | 4 | 2 | 2 |
| 2 | 石方工程 | 直接费 | 6 | 2 | 4 |
| 3 | 模板工程 | 直接费 | 6 | 3 | 3 |
| 4 | 混凝土浇筑工程 | 直接费 | 6 | 3 | 3 |
| 5 | 钻孔灌浆及锚固工程 | 直接费 | 7 | 3 | 4 |
| 6 | 疏浚工程 | 直接费 | 5 | 2 | 3 |
| 7 | 其他工程 | 直接费 | 5 | 2 | 3 |
| 二 | 机电、金属结构设备安装工程 | 人工费 | 45 | 20 | 25 |

注:若自采砂石料,则费率标准同枢纽工程。

工程类别划分:

(1)除疏浚工程,其余均与枢纽工程相同。

(2)疏浚工程,指用挖泥船、水力冲挖机组等机械疏浚江河、湖泊的工程。

## 五、间接费

根据工程性质不同,间接费标准划分为枢纽工程、引水工程及河道工程两部分标准。

对于有些施工条件复杂、大型建筑物较多的引水工程可执行枢纽工程的费率标准。

### (一)枢纽工程间接费标准

枢纽工程间接费费率见表3-6。

表3-6　枢纽工程间接费费率表

| 序号 | 工程类别 | 计算基础 | 间接费费率(%) |
|---|---|---|---|
| 一 | 建筑工程 | | |
| 1 | 土石方工程 | 直接工程费 | 9(8) |
| 2 | 砂石备料工程(自采) | 直接工程费 | 6 |
| 3 | 模板工程 | 直接工程费 | 6 |
| 4 | 混凝土浇筑工程 | 直接工程费 | 5 |
| 5 | 钻孔灌浆及锚固工程 | 直接工程费 | 7 |
| 6 | 其他工程 | 直接工程费 | 7 |
| 二 | 机电、金属结构设备安装工程 | 人工费 | 50 |

注:(1)工程类别划分同现场经费。

(2)若土石方填筑等工程项目所利用原料为已计取现场经费、间接费、企业利润和税金的砂石料,则其间接费费率选取括号中数值。

### (二)引水工程及河道工程间接费标准

引水工程及河道工程间接费费率见表3-7。

表3-7　引水工程及河道工程间接费费率表

| 序号 | 工程类别 | 计算基础 | 间接费费率(%) |
|---|---|---|---|
| 一 | 建筑工程 | | |
| 1 | 土方工程 | 直接工程费 | 4 |
| 2 | 石方工程 | 直接工程费 | 6 |
| 3 | 模板工程 | 直接工程费 | 6 |
| 4 | 混凝土浇筑工程 | 直接工程费 | 4 |
| 5 | 钻孔灌浆及锚固工程 | 直接工程费 | 7 |
| 6 | 疏浚工程 | 直接工程费 | 5 |
| 7 | 其他工程 | 直接工程费 | 5 |
| 二 | 机电、金属结构设备安装工程 | 人工费 | 50 |

注:(1)工程类别划分同现场经费。

(2)若工程自采砂石料,则费率标准同枢纽工程。

## 六、企业利润

企业利润按直接工程费和间接费之和的7%计算。

## 七、税金

为了计算简便,在编制概算时,可按下列公式和税率计算:

$$税金=(直接工程费+间接费+企业利润)\times 税率$$

（若安装工程中含未计价装置性材料费，则计算税金时应计入未计价装置性材料费）

税率标准：

建设项目在市区的 3.41%

建设项目在县城镇的 3.35%

建设项目在市区或县城镇以外的 3.22%

## 第三节 分部工程概算编制

### 一、建筑工程

建筑工程按主体建筑工程、交通工程、房屋建筑工程、供电线路工程、其他建筑工程分别采用不同的方法编制。

**（一）主体建筑工程**

（1）主体建筑工程概算按设计工程量乘以工程单价进行编制。

（2）主体建筑工程量应遵照《水利工程设计工程量计算规则》，按项目划分要求，计算到三级项目。

（3）当设计对混凝土施工有温控要求时，应根据温控措施设计，计算温控措施费用，也可以经过分析确定指标后，按建筑物混凝土方量进行计算。

（4）细部结构工程。参照水工建筑工程细部结构指标确定，见表3-8。

**表3-8 水工建筑工程细部结构指标表**

| 项目名称 | 混凝土重力坝、重力拱坝、宽缝重力坝、支墩坝 | 混凝土双曲拱坝 | 土坝、堆石坝 | 水闸 | 冲砂闸、泄洪闸 |
|---|---|---|---|---|---|
| 单位 | 元/$m^3$（坝体方） | 元/$m^3$（坝体方） | 元/$m^3$（坝体方） | 元/$m^3$（混凝土） | 元/$m^3$（混凝土） |
| 综合指标 | 11.9 | 12.6 | 0.84 | 35 | 30.8 |

| 项目名称 | 进水口、进水塔 | 溢洪道 | 隧洞 | 竖井、调压井 | 高压管道 |
|---|---|---|---|---|---|
| 单位 | 元/$m^3$（混凝土） | 元/$m^3$（混凝土） | 元/$m^3$（混凝土） | 元/$m^3$（混凝土） | 元/$m^3$（混凝土） |
| 综合指标 | 14 | 13.3 | 11.2 | 14 | 3.0 |

| 项目名称 | 地面厂房 | 地下厂房 | 地面升压变电站 | 地下升压变电站 | 船闸 | 明渠（衬砌） |
|---|---|---|---|---|---|---|
| 单位 | 元/$m^3$（混凝土） | 元/$m^3$（混凝土） | 元/$m^3$（混凝土） | 元/$m^3$（混凝土） | 元/$m^3$（混凝土） | 元/$m^3$（混凝土） |
| 综合指标 | 27.3 | 42 | 24.5 | 15.4 | 21.7 | 6.2 |

注：表中综合指标包括多孔混凝土排水管、廊道木模制作与安装、止水工程、伸缩缝工程、接缝灌浆管路、冷却水管路、栏杆、路面工程、照明工程、爬梯、通气管道、坝基渗水处理、排水工程、排水渗井钻孔及反滤料、坝坡踏步、孔洞钢盖板、厂房内上下水工程、防潮层、建筑钢材及其他细部结构工程。

**(二)交通工程**

交通工程投资按设计工程量乘以单价进行计算,也可根据工程所在地区造价指标或有关实际资料,采用扩大单位指标编制。

**(三)房屋建筑工程**

(1)水利工程的永久房屋建筑面积,用于生产和管理办公的部分,由设计单位按有关规定,结合工程规模确定;用于生活、文化福利建筑工程的部分,在考虑国家现行房改政策的情况下,按主体建筑工程投资的百分率计算:

枢纽工程

投资≤50 000 万元　　取1.5%~2.0%

100 000 万元≥投资>50 000 万元　　取1.1%~1.5%

投资>100 000 万元　　取0.8%~1.1%

引水工程及河道工程　　取0.5%~0.8%

**注:在每档中,投资小或工程位置偏远者取大值;反之,取小值。**

(2)室外工程投资,一般按房屋建筑工程投资的10%~15%计算。

**(四)供电线路工程**

根据设计的电压等级、线路架设长度及所需配备的变配电设施要求,采用工程所在地区造价指标或有关实际资料计算。

**(五)其他建筑工程**

(1)内外部观测工程按建筑工程属性处理。内外部观测工程项目投资应按设计资料计算。如无设计资料,可根据坝型或其他工程型式,按照主体建筑工程投资的百分率计算:

当地材料坝　　0.9%~1.1%

混凝土坝　　1.1%~1.3%

引水式电站(引水建筑物)　　1.1%~1.3%

堤防工程　　0.2%~0.3%

(2)动力线路、照明线路、通信线路等三项工程投资按设计工程量乘以单价或采用扩大单位指标编制。

(3)其余各项按设计要求分析计算。

## 二、机电设备及安装工程

机电设备及安装工程投资由设备费和安装工程费两部分组成。

**(一)设备费**

设备费包括设备原价、运杂费、运输保险费、采购及保管费等。

(1)设备原价。以出厂价或设计单位分析论证后的询价为设备原价。

(2)运杂费。分主要设备运杂费和其他设备运杂费,均按占设备原价的百分率计算。

主要设备运杂费费率(%)见表3-9。

表 3-9　主要设备运杂费费率表　　(%)

| 设备分类 | 铁路 | | 公路 | | 公路直达基本费率 |
|---|---|---|---|---|---|
| | 基本运距 1 000km | 每增运 500km | 基本运距 50km | 每增运 10km | |
| 水轮发电机组 | 2.21 | 0.40 | 1.06 | 0.10 | 1.01 |
| 主阀、桥机 | 2.99 | 0.70 | 1.85 | 0.18 | 1.33 |
| 主变压器: | | | | | |
| 120 000kVA 及以上 | 3.50 | 0.56 | 2.80 | 0.25 | 1.20 |
| 120 000kVA 以下 | 2.97 | 0.56 | 0.92 | 0.10 | 1.20 |

设备由铁路直达或铁路、公路联运时,分别按里程求得费率后叠加计算;如果设备由公路直达,应按公路里程计算费率后,再加公路直达基本费率。

其他设备运杂费费率见表 3-10。

表 3-10　其他设备运杂费费率表

| 类别 | 适用地区 | 费率(%) |
|---|---|---|
| Ⅰ | 北京、天津、上海、江苏、浙江、江西、安徽、湖北、湖南、河南、广东、山西、山东、河北、陕西、辽宁、吉林、黑龙江等省、直辖市 | 4~6 |
| Ⅱ | 甘肃、云南、贵州、广西、四川、重庆、福建、海南、宁夏、内蒙古、青海等省、自治区、直辖市 | 6~8 |

工程地点距铁路线近者费率取小值,远者取大值。新疆、西藏地区的费率在表中未包括,可视具体情况另行确定。

(3)运输保险费。按有关规定计算。

(4)采购及保管费。按设备原价、运杂费之和的 0.7% 计算。

(5)运杂综合费费率。

运杂综合费费率 = 运杂费费率 + (1 + 运杂费费率) × 采购及保管费费率 + 运输保险费费率

上述运杂综合费费率,适用于计算国产设备运杂费。国产设备运杂综合费费率乘以相应国产设备原价占进口设备原价的比例系数,即为进口设备的国内段运杂综合费费率。

(6)交通工具购置费。工程竣工后,为保证建设项目初期生产管理单位正常运行,必须配备生产、生活、消防车辆和船只。

计算方法:按表 3-11 中所列设备数量和国产设备出厂价格加车船附加费、运杂费计算。

表 3-11　交通工具购置指标表

| 工程类别 | | | 设备名称及数量(辆、艘) | | | | | | | | | |
|---|---|---|---|---|---|---|---|---|---|---|---|---|
| | | | 轿车 | 载重汽车 | 工具车 | 面包车 | 消防车 | 越野车 | 大客车 | 汽船 | 机动船 | 驳船 |
| 枢纽工程 | 大(1)型 | | 2 | 3 | 1 | 2 | 1 | 2 | 1 | 2 | 2 | |
| | 大(2)型 | | 2 | 2 | 1 | 1 | 1 | 1 | 1 | 1 | 2 | |
| 大型引水工程 | 线路长度 | >300km | 2 | 8 | 6 | 6 | | 3 | 3 | | | |
| | | 100～300km | 1 | 6 | 4 | 3 | | 2 | 2 | | | |
| | | ≤100km | | 3 | 2 | 2 | | 1 | 1 | | | |
| 大型灌区或排涝工程 | 灌排面积 | >150 万亩 | 1 | 6 | 5 | 5 | | 2 | 2 | | | |
| | | 50 万～150 万亩 | 1 | 2 | 2 | 2 | | 1 | 1 | | | |
| 堤防工程 | 管理单位级别 | 1 | | 6 | | 2 | | 2 | 1 | 1 | 2 | 2 |
| | | 2 | | 2 | | 1 | | 1 | 1 | | 1 | 1 |
| | | 3 | | 1 | | 1 | | 1 | | | | |

注：堤防工程的管理单位级别请参照水科技[1996]414 号文《堤防工程管理设计规范》(SL171—96)。

**(二)安装工程费**

安装工程投资按设备数量乘以安装单价进行计算。

## 三、金属结构设备及安装工程

编制方法同机电设备及安装工程。

## 四、施工临时工程

**(一)导流工程**

导流工程按设计工程量乘以工程单价进行计算。

**(二)施工交通工程**

施工交通工程按设计工程量乘以工程单价进行计算，也可根据工程所在地区造价指标或有关实际资料，采用扩大单位指标编制。

**(三)施工场外供电工程**

施工场外供电工程根据设计的电压等级、线路架设长度及所需配备的变配电设施要求，采用工程所在地区造价指标或有关实际资料计算。

**(四)施工房屋建筑工程**

施工房屋建筑工程包括施工仓库和办公、生活及文化福利建筑两部分。施工仓库，指为工程施工而临时兴建的设备、材料、工器具等仓库；办公、生活及文化福利建筑，指施工单位、建设单位(包括监理)及设计代表在工程建设期所需的办公室、宿舍、招待所和其他文化福利设施等房屋建筑工程。不包括列入临时设施和其他施工临时工程项目内的电、风、水、通信系统，砂石料系统，混凝土拌和及浇筑系统，木工、钢筋、机修等辅助加工厂，混凝土预制构件厂，混凝土制冷、供热系统，施工排水等生产用房。

(1)施工仓库。建筑面积由施工组织设计确定，单位造价指标根据当地生活福利建筑的相应造价水平确定。

(2)办公、生活及文化福利建筑。

①枢纽工程和大型引水工程，按下式计算：

$$I = \frac{AUP}{NL}K_1K_2K_3$$

式中 $I$——房屋建筑工程投资；

$A$——建安工作量，按工程一至四部分建安工作量(不包括办公、生活及文化福利建筑和其他施工临时工程)之和乘以(1＋其他施工临时工程百分率)计算；

$U$——人均建筑面积综合指标，按12～15m²/人的标准计算；

$P$——单位造价指标，参考工程所在地区的永久房屋造价指标(元/m²)计算；

$N$——施工年限，按施工组织设计确定的合理工期计算；

$L$——全员劳动生产率，一般不低于60 000～100 000元/(人·年)，施工机械化程度高取大值，反之取小值；

$K_1$——施工高峰人数调整系数，取1.10；

$K_2$——室外工程系数，取1.10～1.15，地形条件差的可取大值，反之取小值；

$K_3$——单位造价指标调整系数，按不同施工年限，采用表3-12中的调整系数。

**表3-12　单位造价指标调整系数表**

| 工期 | 系数 | 工期 | 系数 |
|---|---|---|---|
| 2年以内 | 0.25 | 5～8年 | 0.70 |
| 2～3年 | 0.40 | 8～11年 | 0.80 |
| 3～5年 | 0.55 | | |

②河湖整治工程、灌溉工程、堤防工程、改扩建与加固工程按一至四部分建安工作量的百分率计算(见表3-13)。

**表3-13　百分率表**

| 工期 | 百分率 |
|---|---|
| ≤3年 | 1.5%～2.0% |
| >3年 | 1.0%～1.5% |

**(五)其他施工临时工程**

按工程一至四部分建安工作量(不包括其他施工临时工程)之和的百分率计算。枢纽工程和引水工程为3.0%～4.0%；河道工程为0.5%～1%。

## 五、独立费用

### (一)建设管理费

1.项目建设管理费

1)建设单位开办费

对于新建工程，其开办费应根据建设单位开办费标准和建设单位的定员人数来确定。对于改建、扩建和加固工程，原则上不计建设单位开办费，但是，要根据改扩建和加固工程的具体情况决定。按照水利部现行规定,水利工程建设单位开办费标准见表3-14,建设单位定员见表3-15。

**表3-14 建设单位开办费标准**

| 建设单位人数(人) | 20以下 | 21~40 | 41~70 | 71~140 | 140以上 |
|---|---|---|---|---|---|
| 开办费(万元) | 120 | 120~220 | 220~350 | 350~700 | 700~850 |

注:(1)引水及河道工程按总工程计算,不得分段分别计算。

(2)定员人数在两个数之间的,开办费由内插法求得。

**表3-15 建设单位定员表**

| 工程类别及规模 | | | | 定员人数(人) |
|---|---|---|---|---|
| 枢纽工程 | 特大型工程 | 如南水北调工程 | | 140以上 |
| | 综合利用的水利枢纽工程 | 大(1)型 | 总库容 >10亿 $m^3$ | 70~140 |
| | | 大(2)型 | 总库容1亿~10亿 $m^3$ | 40~70 |
| | 以发电为主的枢纽工程 | 200万kW以上 | | 90~120 |
| | | 150万~200万kW | | 70~90 |
| | | 100万~150万kW | | 55~70 |
| | | 50万~100万kW | | 40~55 |
| | | 30万~50万kW | | 30~40 |
| | | 30万kW | | 20~30 |
| | 枢纽扩建及加固工程 | 大型 | 总库容 >1亿 $m^3$ | 21~35 |
| | | 中型 | 总库容0.1亿~1亿 $m^3$ | 14~21 |
| 引水工程及河道工程 | 大型引水工程 | 线路总长 >300km | | 84~140 |
| | | 线路总长100~300km | | 56~84 |
| | | 线路总长≤100km | | 28~56 |
| | 大型灌溉或排涝工程 | 灌溉或排涝面积 >150万亩 | | 56~84 |
| | | 灌溉或排涝面积50万~150万亩 | | 28~56 |
| | 大江大河整治及堤防加固 | 河道长度 >300km | | 42~56 |
| | | 河道长度100~300km | | 28~42 |
| | | 河道长度≤100km | | 14~28 |

注:(1)当大型引水、灌溉或排涝、大江大河整治及堤防加固工程包含有较多的泵站、水闸、船闸时,定员可适当增加。

(2)本定员只作为计算建设单位开办费和建设单位人员经常费的依据。

(3)工程施工条件复杂者,取大值;反之,取小值。

2)建设单位经常费

(1)建设单位人员经常费。根据建设单位定员、费用指标和经常费用计算期进行计算。编制概算时,应根据该工程所在地区和编制年的基本工资、辅助工资、工资附加费、劳动保护费以及费用标准调整"六类(北京)地区建设单位人员经常费用指标表"中的费用。

计算公式为:

建设单位人员经常费 = 费用指标[元/(人·年)] × 定员人数 × 经常费用计算期(年)

①枢纽、引水工程费用指标(见表3-16)。

**表 3-16 六类(北京)地区建设单位人员经常费用指标表**(枢纽、引水工程)

| 序号 | 项目 | 计算公式 | 金额[元/(人·年)] |
|---|---|---|---|
| 1 | 基本工资 | | 6 420 |
| | 工人 | 400 元/月 ×12 月 ×10% | 480 |
| | 干部 | 550 元/月 ×12 月 ×90% | 5 940 |
| 2 | 辅助工资 | | 2 446 |
| | 地区津贴 | 北京地区无 | |
| | 施工津贴 | 5.3 元/天 ×365 ×0.95 | 1 838 |
| | 夜餐津贴 | 4.5 元/工日 ×251 工日 ×30% | 339 |
| | 节日加班津贴 | 6 420 ÷251 ×10 ×3 ×35% | 269 |
| 3 | 工资附加费 | | 4 432 |
| | 职工福利基金 | 1 ~2 项之和 8 866 元的 14% | 1 241 |
| | 工会经费 | 1 ~2 项之和 8 866 元的 2% | 177 |
| | 职工教育经费 | 1 ~2 项之和 8 866 元的 1.5% | 133 |
| | 养老保险费 | 1 ~2 项之和 8 866 元的 20% | 1 773 |
| | 医疗保险费 | 1 ~2 项之和 8 866 元的 4% | 355 |
| | 工伤保险费 | 1 ~2 项之和 8 866 元的 1.5% | 133 |
| | 职工失业保险基金 | 1 ~2 项之和 8 866 元的 2% | 177 |
| | 住房公积金 | 1 ~2 项之和 8 866 元的 5% | 443 |
| 4 | 劳动保护费 | 基本工资 6 420 元的 12% | 770 |
| 5 | 小计 | | 14 068 |
| 6 | 其他费用 | 1 ~4 项之和 14 068 元 ×180% | 25 322 |
| 7 | 合计 | | 39 390 |

**注:**工期短或施工条件简单的引水工程费用指标应按河道工程费用指标。

②河道工程费用指标(见表 3-17)。

**表 3-17 六类(北京)地区建设单位人员经常费用指标表**(河道工程)

| 序号 | 项目 | 计算公式 | 金额[元/(人·年)] |
|---|---|---|---|
| 1 | 基本工资 | | 4 494 |
| | 工人 | 280 元/月 ×12 月 ×10% | 336 |
| | 干部 | 385 元/月 ×12 月 ×90% | 4 158 |
| 2 | 辅助工资 | | 1 628 |
| | 地区津贴 | 北京地区无 | |
| | 施工津贴 | 3.5 元/天 ×365 ×0.95 | 1 214 |
| | 夜餐津贴 | 4.5 元/工日 ×251 工日 ×20% | 226 |
| | 节日加班津贴 | 4 494 ÷251 ×10 ×3 ×35% | 188 |

续表 3-17

| 序号 | 项目 | 计算公式 | 金额[元/(人·年)] |
|---|---|---|---|
| 3 | 工资附加费 | | 3 060 |
| | 职工福利基金 | 1~2 项之和 6 122 元的 14% | 857 |
| | 工会经费 | 1~2 项之和 6 122 元的 2% | 122 |
| | 职工教育经费 | 1~2 项之和 6 122 元的 1.5% | 92 |
| | 养老保险费 | 1~2 项之和 6 122 元的 20% | 1 224 |
| | 医疗保险费 | 1~2 项之和 6 122 元的 4% | 245 |
| | 工伤保险费 | 1~2 项之和 6 122 元的 1.5% | 92 |
| | 职工失业保险基金 | 1~2 项之和 6 122 元的 2% | 122 |
| | 住房公积金 | 1~2 项之和 6 122 元的 5% | 306 |
| 4 | 劳动保护费 | 基本工资 4 494 元的 12% | 539 |
| 5 | 小计 | | 9 721 |
| 6 | 其他费用 | 1~4 项之和 9 721 元×180% | 17 498 |
| 7 | 合计 | | 27 219 |

③经常费用计算期。根据施工组织设计确定的施工总进度和总工期，建设单位人员从工程筹建之日起，至工程竣工之日加六个月止，为经常费用计算期。其中：大型水利枢纽工程、大型引水工程、灌溉或排涝面积大于 150 万亩工程等的筹建期 1~2 年，其他工程 0.5~1 年。

(2)工程管理经常费。枢纽工程及引水工程一般按建设单位开办费和建设单位人员经常费之和的 35%~40% 计取。改扩建与加固工程、堤防及疏浚工程按 20% 计取。

2. 工程建设监理费

工程建设监理费按照国家及省、自治区、直辖市计划（物价）部门有关规定计收。

3. 联合试运转费

联合试运转费用指标见表 3-18。

表 3-18　联合试运转费用指标表

| 水电站工程 | 单机容量（万 kW） | ≤1 | ≤2 | ≤3 | ≤4 | ≤5 | ≤6 | ≤10 | ≤20 | ≤30 | ≤40 | >40 |
|---|---|---|---|---|---|---|---|---|---|---|---|---|
| | 费用（万元/台） | 3 | 4 | 5 | 6 | 7 | 8 | 9 | 11 | 12 | 16 | 22 |
| 泵站工程 | 电力泵站 | 每千瓦 25~30 元 | | | | | | | | | | |

**（二）生产准备费**

1. 生产及管理单位提前进厂费

枢纽工程按一至四部分建安工作量的 0.2%~0.4% 计算，大(1)型工程取小值，大(2)型工程取大值。

引水工程和灌溉工程视工程规模参照枢纽工程计算。

改扩建与加固工程、堤防及疏浚工程原则上不计此项费用，若工程中含有新建大型泵站、船闸等建筑物，按建筑物的建安工作量参照枢纽工程费率适当计列。

2. 生产职工培训费

枢纽工程按一至四部分建安工作量的 0.3%~0.5% 计算，大(1)型工程取小值，大(2)型工程取大值。

引水工程和灌溉工程视工程规模参照枢纽工程计算。

改扩建与加固工程、堤防及疏浚工程原则上不计此项费用,若工程中含有新建大型泵站、船闸等建筑物,按建筑物的建安工作量参照枢纽工程费率适当计列。

3. 管理用具购置费

枢纽工程按一至四部分建安工作量的 0.02% ~0.08% 计算,大(1)型工程取小值,大(2)型工程取大值。

引水工程及河道工程按建安工作量的 0.02% ~0.03% 计算。

4. 备品备件购置费

备品备件购置费按占设备费的 0.4% ~0.6% 计算。大(1)型工程取下限,其他工程取中、上限。

**注:①设备费应包括机电设备、金属结构设备以及运杂费等全部设备费;②电站、泵站同容量、同型号机组超过一台时,只计算一台的设备费。**

5. 工器具及生产家具购置费

工器具及生产家具购置费按占设备费的 0.08% ~0.2% 计算。枢纽工程取下限,其他工程取中、上限。

**(三)科研勘测设计费**

1. 工程科学研究试验费

工程科学研究试验费按工程建安工作量的百分率计算。其中:枢纽工程和引水工程取 0.5%;河道工程取 0.2%。

2. 工程勘测设计费

工程勘测设计费按照国家计委、建设部计价格[2002]10 号文件规定执行。

**(四)建设及施工场地征用费**

具体编制方法和计算标准参照移民和环境部分概算编制规定执行。

**(五)其他**

1. 定额编制管理费

定额编制管理费按照国家及省、自治区、直辖市计划(物价)部门有关规定计收。

2. 工程质量监督费

工程质量监督费按照国家及省、自治区、直辖市计划(物价)部门有关规定计收。

3. 工程保险费

工程保险费按工程一至四部分投资合计的 4.5‰ ~5.0‰计算。

4. 其他税费

其他税费按国家有关规定计取。

## 第四节　分年度投资及资金流量

### 一、分年度投资

分年度投资是根据施工组织设计确定的施工进度和合理工期而计算出的工程各年度

预计完成的投资额。

**(一)建筑工程**

(1)建筑工程分年度投资表应根据施工进度的安排,对主要工程按各单项工程分年度完成的工程量和相应的工程单价计算。对于次要的和其他工程,可根据施工进度,按各年所占完成投资的比例,摊入分年度投资表。

(2)建筑工程分年度投资的编制至少应按二级项目中的主要工程项目分别反映各自的建筑工程量。

**(二)设备及安装工程**

设备及安装工程分年度投资应根据施工组织设计确定的设备安装进度计算各年预计完成的设备费和安装费。

**(三)费用**

根据费用的性质和费用发生的时段,按相应年度分别进行计算。

## 二、资金流量

资金流量是为满足工程项目在建设过程中各时段的资金需求,按工程建设所需资金投入时间计算的各年度使用的资金量。资金流量表的编制以分年度投资表为依据,按建筑安装工程、永久设备工程和独立费用三种类型分别计算。本资金流量计算办法主要用于初步设计概算。

**(一)建筑及安装工程资金流量**

(1)建筑工程可根据分年度投资表的项目划分,考虑一级项目中的主要工程项目,以归项划分后各年度建筑工作量作为计算资金流量的依据。

(2)资金流量是在原分年度投资的基础上,考虑预付款、预付款的扣回、保留金和保留金的偿还等编制出的分年度资金安排。

(3)预付款一般可划分为工程预付款和工程材料预付款两部分。

①工程预付款按划分的单个工程项目的建安工作量的10% ~20%计算,工期在3年以内的工程全部安排在第1年,工期在3年以上的可安排在前两年。工程预付款的扣回从完成建安工作量的30%起开始,按完成建安工作量的20% ~30%扣回至预付款全部回收完毕为止。

对于需要购置特殊施工机械设备或施工难度较大的项目,工程预付款可取大值,其他项目取中值或小值。

②工程材料预付款。水利工程一般规模较大,所需材料的种类及数量较多,提前备料所需资金较大,因此考虑向承包商支付一定数量的材料预付款。可按分年度投资中次年完成建安工作量的20%在本年提前支付,并于次年扣回,以此类推,直至本项目竣工。(河道工程和灌溉工程等不计此项预付款。)

(4)保留金。水利工程的保留金,按建安工作量的2.5%计算。在概算资金流量计算时,按分项工程分年度完成建安工作量的5%扣留至该项工程全部建安工作量的2.5%时终止(即完成建安工作量的50%时),并将所扣的保留金100%计入该项工程终止后一年(如该年已超出总工期,则此项保留金计入工程的最后一年)的资金流量表内。

**（二）永久设备工程资金流量**

永久设备工程资金流量计算，划分为主要设备和一般设备两种类型分别计算。

（1）主要设备的资金流量计算，按设备到货周期确定各年资金流量比例，具体比例见表3-19。

**表3-19 资金流量比例**

| 到货周期 | 年份 | | | | | |
| --- | --- | --- | --- | --- | --- | --- |
| | 第1年 | 第2年 | 第3年 | 第4年 | 第5年 | 第6年 |
| 1年 | 15% | 75%* | 10% | | | |
| 2年 | 15% | 25% | 50%* | 10% | | |
| 3年 | 15% | 25% | 10% | 40%* | 10% | |
| 4年 | 15% | 25% | 10% | 10% | 30%* | 10% |

注：(1)表中带*号的年份为设备到货年份。

(2)主要设备为水轮发电机组、大型水泵、大型电机、主阀、主变压器、桥机、门机、高压断路器或高压组合电器、金属结构闸门启闭设备等。

（2）其他设备，其资金流量按到货前一年预付15%定金，到货年支付85%的剩余价款。

**（三）独立费用资金流量**

独立费用资金流量主要是勘测设计费的支付方式应考虑质量保证金的要求，其他项目则均按分年度投资表中的资金安排计算。

（1）可行性研究和初步设计阶段勘测设计费按合理工期分年平均计算。

（2）技施阶段勘测设计费的95%按合理工期分年平均计算，其余5%的勘测设计费作为设计保证金，计入最后一年的资金流量表内。

## 第五节 预备费、建设期融资利息、静态总投资、总投资

### 一、预备费

**（一）基本预备费**

计算方法：根据工程规模、施工年限和地质条件等不同情况，按工程一至五部分投资合计（依据分年度投资表）的百分率计算。初步设计阶段为5.0%~8.0%。

**（二）价差预备费**

计算方法：根据施工年限，以资金流量表的静态投资为计算基数。

按照国家计委根据物价变动形势，适时调整和发布的年物价指数计算。

计算公式：

$$E = \sum_{n=1}^{N} F_n[(1+P)^n - 1]$$

式中 $E$——价差预备费；

$N$——合理建设工期；

$n$——施工年度；

$F_n$——建设期间资金流量表内第 $n$ 年的投资；

$P$——年物价指数。

## 二、建设期融资利息

计算公式：

$$S = \sum_{n=1}^{N}\left[\left(\sum_{m=1}^{N}F_m b_m - \frac{1}{2}F_n b_n\right) + \sum_{m=0}^{n-1}S_m\right]i$$

式中　$S$——建设期融资利息；

$N$——合理建设工期；

$n$——施工年度；

$m$——还息年度；

$F_n$、$F_m$——在建设期资金流量表内第 $n$ 、$m$ 年的投资；

$b_n$、$b_m$——各施工年份融资额占当年投资比例；

$i$——建设期融资利率；

$S_m$——第 $m$ 年的付息额度。

## 三、静态总投资

工程一至五部分投资与基本预备费之和构成静态总投资。

## 四、总投资

工程一至五部分投资、基本预备费、价差预备费、建设期融资利息之和构成总投资。编制总概算表时，在第五部分独立费用之后，应顺序计列以下项目：

(1)一至五部分投资合计；

(2)基本预备费；

(3)静态总投资；

(4)价差预备费；

(5)建设期融资利息；

(6)总投资。

# 第四章　某水利枢纽工程概算编制案例

## 一、编制说明

### (一)工程概况

×××水电站位于H省Z县境内,下距Z县城公路里程15km,Z县至S市170km(经F县),对外交通方便。

电站装机容量500MW,安装2台单机容量为250MW的混流式水轮发电机组,工程主要枢纽建筑物由钢筋混凝土面板堆石坝、溢洪道、泄洪洞、引水系统、地面厂房等组成,为Ⅰ等大(1)型工程。

工程总工期为3年7个月(不含筹建期),其主体建筑主要工程量为:土石方明挖348.60万$m^3$,石方洞挖29.58万$m^3$,土石方填筑322.94万$m^3$,混凝土44.87万$m^3$,固结灌浆6.00万m,钢筋2.20万t。

工程建设由×××公司投资。资本金为工程总投资的20%。

### (二)投资主要指标

该工程静态总投资为142 575.48万元,其中:建筑工程58 821.82万元,机电设备、金属结构设备及安装工程45 820.08万元,施工临时工程11 968.64万元,独立费用17 894.63万元,基本预备费8 070.31万元。工程总投资172 516.50万元,其中:价差预备费12 076.86万元,建设期贷款利息17 864.16万元。

### (三)编制原则及依据

(1)初步设计概算按2008年上半年的价格水平编制。

(2)以水利部水总[2002]116号文发布的《水利工程设计概(估)算编制规定》制定的"某水利枢纽工程初步设计概算编制大纲",作为概算编制的指导原则。

(3)概算编制依据:

①水利部水总[2002]116号文关于发布《水利建筑工程概算定额》、《水利建筑工程预算定额》、《水利工程施工机械台时费定额》及《水利工程设计概(估)算编制规定》的通知;

②水利部水建管[1999]523号文关于发布《水利水电设备安装工程预算定额》和《水利水电设备安装工程概算定额》的通知;

③设计概算编制的有关文件和标准。

(4)采用定额:

①建筑工程执行水利部水规[2002]116号文《水利建筑工程概算定额》;

②设备安装工程执行水利部水建管[1999]523号文发布的《水利水电设备安装工程概算定额》;

③施工机械台时费执行水利部水规[2002]116号文发布的《水利工程施工机械台时

费定额》;

④定额不足部分,参考有关资料并结合该工程特点编制补充定额。

(5)费用标准:

①人工工时预算单价工长 7.11 元/工时;高级工 6.61 元/工时;中级工 5.62 元/工时;初级工 3.04 元/工时。

②主要材料预算价格:

主要材料原价,根据设计选定的供应地或供应厂家按调查价格或询价进行确定。

水泥:由 J 水泥厂在 S 市的转运站供应,公路运输。

钢材:由 S 市钢材市场供应,公路运输。钢板由 W 市由火车运至 S 市,再转公路运至工地。铁路运输价格执行国家发改委、铁道部发改价格[2005]477 号文《关于适当调整铁路货物运输价格的通知》。

木材:Z 县供应,公路运输。板枋材在工地自行加工,出材率 65%,加工费 50 元/$m^3$。

油料:由 H 省中石化公司 Z 县支公司供应,公路运输。

火工材料:由 S 市民爆经销企业供应,公路运输。其原价执行国家发展改革委发改价格[2005]841 号文《关于调整民用爆破器材产品出厂价格的通知》,并根据 H 省物价局《关于印发〈H 省民用爆破器材销售作价(试行)办法〉的通知》计取仓储费、管理费、财务费、劳务费、税金及利润等。

该工程主要材料价格资料见表 4-1。

**表 4-1　主要材料原价、预算价格表**　　单价:元

| 序号 | 材料名称及规格 | 单位 | 原价 | 预算价格 | 序号 | 材料名称及规格 | 单位 | 原价 | 预算价格 |
|---|---|---|---|---|---|---|---|---|---|
| 1 | 普通硅酸盐水泥 425#(袋装) | t | 288.00 | 433.62 | 7 | 2#岩石铵梯炸药 | t | 6 286.01 | 6 678.51 |
| 2 | 普通硅酸盐水泥 525#(袋装) | t | 360.00 | 507.92 | 8 | 4#抗水岩石铵梯炸药 | t | 6 922.18 | 7 339.00 |
| 3 | 普通钢板 | t | 4 510.00 | 4 849.56 | 9 | 柴油 0# | t | 4 779.00 | 4 949.81 |
| 4 | 钢板 $\delta=34\sim36$mm | t | 5 010.00 | 5 365.59 | 10 | 汽油 90# | t | 5 463.00 | 5 656.96 |
| 5 | 普通钢筋 $\phi$16~18 | t | 3 550.00 | 3 803.20 | 11 | 杉原木 | $m^3$ | 850.00 | 895.84 |
| 6 | 低合金钢筋 20MnSi $\phi$20~25 | t | 3 450.00 | 3 700.04 | 12 | 松原木 | $m^3$ | 750.00 | 792.84 |

③施工机械使用费:按台时计算,执行水利部水规[2002]116 号文颁发的《水利工程施工机械台时费定额》。

④施工用电、风、水预算单价,计算详见概算附件。

⑤取费标准,见表 4-2。

表 4-2　取费标准表

| 编号 | 工程类别 | 计算基础 | 费率(%) |
|---|---|---|---|
| 一 | 其他直接费费率 | | |
| 1 | 建筑工程 | 直接费 | 2.0 |
| 2 | 机电、金属结构设备安装工程 | 直接费 | 2.7 |
| 二 | 现场经费 | | |
| 1 | 土石方工程 | 直接费 | 9.0 |
| 2 | 砂石备料工程(自采) | 直接费 | 2.0 |
| 3 | 模板工程 | 直接费 | 8.0 |
| 4 | 混凝土浇筑工程 | 直接费 | 8.0 |
| 5 | 钻孔灌浆及锚固工程 | 直接费 | 7.0 |
| 6 | 其他建筑工程 | 直接费 | 7.0 |
| 7 | 机电、金属结构设备安装工程 | 人工费 | 45.0 |
| 三 | 间接费费率 | | |
| 1 | 土石方工程 | 直接工程费 | 9.0 |
| 2 | 砂石备料工程(自采) | 直接工程费 | 6.0 |
| 3 | 模板工程 | 直接工程费 | 6.0 |
| 4 | 混凝土浇筑工程 | 直接工程费 | 5.0 |
| 5 | 钻孔灌浆及锚固工程 | 直接工程费 | 7.0 |
| 6 | 其他建筑工程 | 直接工程费 | 7.0 |
| 7 | 机电、金属结构设备安装工程 | 人工费 | 50.0 |
| 四 | 利润 | 直接工程费+间接费 | 7.0 |
| 五 | 计算税率 | 直接工程费+间接费+利润 | 3.35 |

注:对于以实物量形式的安装工程单价,表中计算税率的计算基础还应加未计价装置性材料费。

⑥设备费。主要机电设备、金属结构设备价格根据设计提供的型号、规格,参考国内类似规模电站招标价格和其他类似工程概算价格,分析目前市场价格水平后确定。

**(四)概算编制中存在的其他应说明的问题**

移民和环境部分概算编制,该部分政策性较强,可按照相关编制办法及计算标准、相关政策规定计算,本设计概算暂不计入。

基本预备费,按建筑工程、机电设备及安装工程、金属结构设备及安装工程、施工临时工程、独立费用之和的6%计算。

价差预备费,根据《关于加强对基本建设大中型项目概算中"价差预备费"管理有关问题的通知》(计投资[1999]1340号)的精神,物价指数按0计。此处为了说明问题,按物价指数的3%计算。

工程建设由×××公司投资。资本金为工程总投资的20%。建设期贷款利息以静态总投资扣除资本金后的分年投资为基数,逐年计算。从工程筹建期开始计息,按贷款年名义利率的5%计算。

**(五)主要技术经济指标表**

(略)

## 二、概算表(工程部分)

**(一)总概算表及分部概算表**

总概算表及分部概算表如表4-3～表4-9所示。

**表4-3　工程总概算表**　　单位:万元

| 编号 | 工程或费用名称 | 建安工程费 | 设备购置费 | 独立费用 | 合计 | 占一至五部分投资合计的比例(%) |
|---|---|---|---|---|---|---|
| I | 工程部分 | | | | | |
| | 第一部分　建筑工程 | 58 821.82 | | | 58 821.82 | 43.73% |
| 一 | 挡水工程 | 12 828.85 | | | 12 828.84 | |
| 二 | 泄洪工程 | 18 747.81 | | | 18 747.81 | |
| 三 | 引水工程 | 11 466.24 | | | 11 466.24 | |
| 四 | 发电厂工程 | 13 334.62 | | | 13 334.62 | |
| 五 | 升压变电站工程 | 564.71 | | | 564.71 | |
| 六 | 交通工程 | 950.00 | | | 950.00 | |
| 七 | 房屋建筑工程 | 349.60 | | | 349.60 | |
| 八 | 其他建筑工程 | 580.00 | | | 580.00 | |
| | 第二部分　机电设备及安装工程 | 2 343.56 | 34 126.82 | | 36 470.38 | 27.12% |
| 一 | 发电设备及安装工程 | 1 501.60 | 26 984.05 | | 28 485.65 | |
| 二 | 升压变电设备及安装工程 | 192.81 | 5 002.80 | | 5 195.61 | |
| 三 | 公用设备及安装工程 | 649.16 | 2 139.97 | | 2 789.13 | |
| | 第三部分　金属结构设备及安装工程 | 2 847.56 | 6 502.14 | | 9 349.70 | 6.95% |
| 一 | 泄洪工程 | 386.47 | 3 739.85 | | 4 126.32 | |
| 二 | 引水工程 | 2 396.18 | 2 320.75 | | 4 716.93 | |
| 三 | 发电厂工程 | 64.91 | 441.54 | | 506.45 | |
| | 第四部分　施工临时工程 | 11 968.64 | | | 11 968.64 | 8.90% |
| 一 | 导流工程 | 7 277.22 | | | 7 277.22 | |
| 二 | 施工交通工程 | 2 650.00 | | | 2 650.00 | |

续表 4-3

| 编号 | 工程或费用名称 | 建安工程费 | 设备购置费 | 独立费用 | 合计 | 占一至五部分投资合计的比例(%) |
|---|---|---|---|---|---|---|
| 三 | 施工供电工程 | 608.00 | | | 608.00 | |
| 四 | 施工房屋建筑工程 | 1 433.42 | | | 1 433.42 | |
| | 第五部分　独立费用 | | | 17 894.63 | 17 894.63 | 13.30% |
| 一 | 建设管理费 | | | 4 617.28 | 4 617.28 | |
| 二 | 生产准备费 | | | 535.53 | 535.53 | |
| 三 | 科研勘测设计费 | | | 8 746.06 | 8 746.06 | |
| 四 | 建设及施工场地征用费 | | | 3 489.87 | 3 489.87 | |
| 五 | 其他 | | | 505.89 | 505.89 | |
| | 一至五部分投资合计 | | | | 134 505.17 | 100.00% |
| | 基本预备费 | | | | 8 070.31 | |
| | 静态总投资 | | | | 142 575.48 | |
| | 价差预备费 | | | | 12 076.86 | |
| | 建设期融资利息 | | | | 17 864.16 | |
| | 总投资 | | | | 172 516.50 | |
| Ⅱ | 移民和环境部分 | (按有关规定计算) | | | | |

**表 4-4　建筑工程概算表**

| 编号 | 工程或费用名称 | 单位 | 数量 | 单价(元) | 合价(万元) |
|---|---|---|---|---|---|
| | 第一部分　建筑工程 | | | | 58 821.82 |
| 一 | 挡水工程 | | | | 12 828.84 |
| 1 | 拦河堆石坝工程 | | | | 12 828.84 |
| | 土方开挖 | $m^3$ | 97 100 | 14.60 | 141.77 |
| | 石方明挖 | $m^3$ | 358 400 | 32.35 | 1 159.42 |
| | 灌浆洞石方洞挖 | $m^3$ | 1 800 | 194.71 | 35.05 |
| | 上游抛填粉土 | $m^3$ | 54 100 | 13.30 | 71.95 |
| | 垫层料填筑(来自料场) | $m^3$ | 89 400 | 18.80 | 168.07 |
| | 过渡料填筑(来自料场) | $m^3$ | 143 500 | 38.17 | 547.74 |
| | 上游抛填石渣 | $m^3$ | 85 990 | 8.70 | 74.81 |
| | 主堆石填筑(来自料场) | $m^3$ | 1 229 120 | 44.06 | 5 415.50 |
| | 次堆石填筑(利用料上坝) | $m^3$ | 878 140 | 6.61 | 580.45 |

续表 4-4

| 编号 | 工程或费用名称 | 单位 | 数量 | 单价(元) | 合价(万元) |
|---|---|---|---|---|---|
| | 下游干砌石护坡(来自料场) | $m^3$ | 25 250 | 80.71 | 203.79 |
| | 趾板混凝土 C25(二级配) | $m^3$ | 2 480 | 385.41 | 95.58 |
| | 面板混凝土 C25(二级配) | $m^3$ | 20 100 | 412.35 | 828.82 |
| | 防浪墙混凝土 C20(二级配) | $m^3$ | 3 200 | 381.69 | 122.14 |
| | 灌浆平洞底板混凝土 C20(二级配) | $m^3$ | 148 | 363.66 | 5.38 |
| | 喷混凝土 C20 | $m^3$ | 1 760 | 624.03 | 109.83 |
| | 钢筋制安 | t | 2 075 | 7 607.47 | 1 578.55 |
| | 锚杆 $\phi28, L=5m$ | 根 | 4 200 | 216.42 | 90.90 |
| | 帷幕灌浆 | m | 21 000 | 532.87 | 1 119.03 |
| | 固结灌浆 | m | 8 100 | 245.78 | 199.08 |
| | 细部结构工程 | $m^3$ | 2 531 280 | 1.11 | 280.97 |
| 二 | 泄洪工程 | | | | 18 747.81 |
| 1 | 溢洪道工程 | | | | 13 207.38 |
| | 土方开挖 | $m^3$ | 255 200 | 13.55 | 345.80 |
| | 石方明挖 | $m^3$ | 1 681 000 | 30.92 | 5 197.65 |
| | 溢洪道混凝土 C25(二级配) | $m^3$ | 65 180 | 435.08 | 2 835.85 |
| | 溢洪道混凝土 C30(二级配) | $m^3$ | 17 707 | 456.91 | 809.05 |
| | 喷混凝土 | $m^3$ | 6 850 | 624.03 | 427.46 |
| | 预应力锚索 3 500kN, $L=25m$ | 束 | 90 | 19 214.13 | 172.93 |
| | 预应力锚索 1 200kN, $L=8m$ | 束 | 14 | 4 717.84 | 6.60 |
| | 预应力锚索 1 200kN, $L=10.5m$ | 束 | 14 | 5 456.45 | 7.64 |
| | 钢筋制安 | t | 3 263 | 7 607.47 | 2 482.32 |
| | 锚杆 $\phi28, L=5m$ | 根 | 12 099 | 216.42 | 261.85 |
| | 镀锌铅丝网 | $m^3$ | 50 035 | 25.00 | 125.09 |
| | 固结灌浆 | m | 15 278 | 245.78 | 375.50 |
| | 细部结构工程 | $m^3$ | 89 737 | 17.79 | 159.64 |
| 2 | 泄洪洞工程 | | | | 5 540.43 |
| | 土方开挖 | $m^3$ | 35 000 | 13.55 | 47.43 |
| | 石方明挖 | $m^3$ | 151 100 | 35.54 | 537.01 |
| | 石方洞挖 | $m^3$ | 74 300 | 75.89 | 563.86 |
| | 进水塔混凝土 C25(二级配) | $m^3$ | 24 118 | 398.13 | 960.21 |

续表 4-4

| 编号 | 工程或费用名称 | 单位 | 数量 | 单价(元) | 合价(万元) |
|---|---|---|---|---|---|
| | 隧洞衬砌混凝土 C30(二级配) | $m^3$ | 13 868 | 467.19 | 647.90 |
| | 喷混凝土 | $m^3$ | 2 748 | 648.71 | 178.27 |
| | 钢筋制安 | t | 2 868 | 7 607.47 | 2 181.82 |
| | 锚杆 $\phi28, L=8m$ | 根 | 1 876 | 341.49 | 64.06 |
| | 锚杆 $\phi25, L=5m$ | 根 | 2 282 | 190.85 | 43.55 |
| | 固结灌浆 | m | 14 813 | 172.32 | 255.26 |
| | 细部结构工程 | $m^3$ | 40 734 | 14.99 | 61.06 |
| 三 | 引水工程 | | | | 11 466.24 |
| 1 | 进水口 | | | | 7 061.03 |
| | 土方开挖 | $m^3$ | 60 840 | 11.23 | 68.32 |
| | 石方明挖 | $m^3$ | 243 360 | 31.09 | 756.61 |
| | 进水口混凝土 C20(二级配) | $m^3$ | 68 100 | 370.89 | 2 525.76 |
| | 喷混凝土 | $m^3$ | 3 921 | 624.03 | 244.68 |
| | 钢筋制安 | t | 3 995 | 7 607.47 | 3 039.18 |
| | 锚杆 $\phi32, L=8m$ | 根 | 2 856 | 409.03 | 116.82 |
| | 锚杆 $\phi28, L=6m$ | 根 | 4 120 | 260.00 | 107.12 |
| | 锚桩 $3\phi28, L=25m$ | 根 | 100 | 6 764.29 | 67.64 |
| | 细部结构工程 | $m^3$ | 72 021 | 18.73 | 134.90 |
| 2 | 引水隧洞工程 | | | | 4 405.20 |
| | 石方斜洞开挖 | $m^3$ | 10 500 | 136.78 | 143.62 |
| | 石方平洞开挖 | $m^3$ | 48 500 | 103.51 | 502.02 |
| | 斜洞混凝土衬砌 C25(二级配) | $m^3$ | 3 763 | 487.59 | 183.48 |
| | 平洞混凝土衬砌 C25(二级配) | $m^3$ | 22 500 | 464.31 | 1 044.70 |
| | 钢筋制安 | t | 2 710 | 7 607.47 | 2 061.62 |
| | 回填灌浆 | $m^2$ | 10 770 | 73.19 | 78.83 |
| | 固结灌浆 | m | 19 725 | 172.32 | 339.90 |
| | 接缝灌浆 | $m^2$ | 1 506 | 77.45 | 11.66 |
| | 细部结构工程 | $m^3$ | 26 263 | 14.99 | 39.37 |
| 四 | 发电厂工程 | | | | 13 334.62 |
| 1 | 地面厂房工程 | | | | 12 706.90 |
| | 土方开挖 | $m^3$ | 75 107 | 14.21 | 106.73 |

续表 4-4

| 编号 | 工程或费用名称 | 单位 | 数量 | 单价(元) | 合价(万元) |
|---|---|---|---|---|---|
| | 石方明挖 | $m^3$ | 300 428 | 38.72 | 1 163.26 |
| | 石渣回填 | $m^3$ | 106 860 | 7.72 | 82.50 |
| | 地面厂房混凝土 | $m^3$ | 110 700 | 592.71 | 6 561.30 |
| | 喷混凝土 | $m^3$ | 3 220 | 624.03 | 200.94 |
| | 钢筋制安 | t | 4 650 | 7 607.47 | 3 537.47 |
| | 钢桁架 | t | 60 | 15 000.00 | 90.00 |
| | 固结灌浆 | m | 2 100 | 245.78 | 51.61 |
| | 锚杆 $\phi32, L=8m$ | 根 | 4 789 | 402.02 | 192.53 |
| | 锚桩 $3\phi28, L=25m$ | 根 | 145 | 6 764.29 | 98.08 |
| | 砖砌体 | $m^3$ | 980 | 270.00 | 26.46 |
| | 混凝土预制屋面结构 | $m^2$ | 2 998 | 600.00 | 179.88 |
| | 细部结构工程 | $m^3$ | 113 920 | 36.53 | 416.15 |
| 2 | 尾水渠工程 | | | | 627.72 |
| | 土方开挖 | $m^3$ | 4 553 | 14.21 | 6.47 |
| | 石方明挖 | $m^3$ | 18 212 | 38.72 | 70.52 |
| | 混凝土 C15(二级配) | $m^3$ | 16 500 | 273.27 | 450.90 |
| | 钢筋制安 | t | 52 | 7 607.47 | 39.56 |
| | 细部结构工程 | $m^3$ | 16 500 | 36.53 | 60.27 |
| 五 | 升压变电站工程 | | | | 564.71 |
| 1 | 升压变电站工程 | | | | 564.71 |
| | 石渣填筑 | $m^3$ | 127 240 | 7.72 | 98.23 |
| | 混凝土 C25(二级配) | $m^3$ | 5 500 | 526.29 | 289.46 |
| | 钢筋制安 | t | 209 | 7 607.47 | 159.00 |
| | 细部结构工程 | $m^3$ | 5 500 | 32.78 | 18.03 |
| 六 | 交通工程 | | | | 950.00 |
| 1 | 公路工程 | | | | 950.00 |
| | 1#进厂混凝土道路(宽 9m) | km | 0.4 | 3 500 000 | 140.00 |
| | 2#左岸上坝泥结石道路(宽 7m) | km | 1.5 | 2 800 000 | 420.00 |
| | 10#右岸上坝泥结石道路(宽 9m) | km | 1.3 | 3 000 000 | 390.00 |
| 七 | 房屋建筑工程 | | | | 349.60 |
| | 辅助生产车间 | $m^2$ | 1 200 | 400 | 48.00 |

**续表 4-4**

| 编号 | 工程或费用名称 | 单位 | 数量 | 单价(元) | 合价(万元) |
|---|---|---|---|---|---|
| | 办公室 | $m^2$ | 1 140 | 900 | 102.60 |
| | 生活及文化福利建筑 | $m^2$ | 1 500 | 900 | 135.00 |
| | 室外工程 | $m^2$ | 1 600 | 400 | 64.00 |
| 八 | 其他建筑工程 | | | | 580.00 |
| | 动力线路工程 | 项 | 1 | 900 000 | 90.00 |
| | 照明线路工程 | 项 | 1 | 100 000 | 10.00 |
| | 厂坝区供水、排水工程 | 项 | 1 | 500 000 | 50.00 |
| | 水文、水情监测工程 | 项 | 1 | 1 300 000 | 130.00 |
| | 地震监测站工程 | 项 | 1 | 1 000 000 | 100.00 |
| | 其他工程 | 项 | 1 | 2 000 000 | 200.00 |

**表 4-5 机电设备及安装工程概算表**

| 编号 | 名称及规格 | 单位 | 数量 | 单价(元) | | 合价(万元) | |
|---|---|---|---|---|---|---|---|
| | | | | 设备费 | 安装费 | 设备费 | 安装费 |
| | 第二部分 机电设备及安装工程 | | | | | 34 126.82 | 2 343.56 |
| 一 | 发电设备及安装工程 | | | | | 26 984.05 | 1 501.60 |
| 1 | 水轮机设备及安装工程 | | | | | 10 328.05 | 282.43 |
| | 水轮机 700t/台 | 台 | 2 | 48 750 000 | 1 309 994.04 | 9 750.00 | 262.00 |
| | 调速器 PID 4.0MPa | 台 | 2 | 1 450 000 | 60 373.59 | 290.00 | 12.07 |
| | 油压装置 YS－12.5－4.0 | 台 | 2 | 600 000 | 41 785.77 | 120.00 | 8.36 |
| | 自动化元件 | 套 | 2 | 700 000 | | 140.00 | 0.00 |
| | 透平油 | t | 51.00 | 5 500 | | 28.05 | 0.00 |
| 2 | 发电机设备及安装 | | | | | 15 420.00 | 468.08 |
| | 发电机 1 425t/台 | 台 | 2 | 74 100 000 | 2 340 390.56 | 14 820.00 | 468.08 |
| | 励磁装置(含励磁变压器) | 套 | 2 | 2 500 000 | | 500.00 | 0.00 |
| | 自动化元件 | 套 | 2 | 500 000 | | 100.00 | 0.00 |
| 3 | 起重设备及安装 | | | | | 700.20 | 71.27 |
| | 桥式起重机 2×350t/50t 250t/台 | 台 | 1 | 6 750 000 | 446 689.67 | 675.00 | 44.67 |
| | 起吊平衡梁 2×350t 12t | 套 | 1 | 252 000 | | 25.20 | 0.00 |
| | 轨道 QU120 | 双 10m | 9.40 | | 24 416.98 | 0.00 | 22.95 |
| | 滑触线 | 三相 10m | 9.40 | | 3 882.86 | 0.00 | 3.65 |

**续表 4-5**

| 编号 | 名称及规格 | 单位 | 数量 | 单价(元) | | 合价(万元) | |
|---|---|---|---|---|---|---|---|
| | | | | 设备费 | 安装费 | 设备费 | 安装费 |
| 4 | 水力机械辅助设备及安装工程 | | | | | 535.80 | 679.82 |
| ⋮ | ⋮ | ⋮ | ⋮ | | ⋮ | ⋮ | ⋮ |
| 二 | 升压变电设备及安装工程 | | | | | 5 002.80 | 192.81 |
| 1 | 主变压器及设备安装 | | | | | 4 033.00 | 121.07 |
| | 单相双卷变压器 DFP－100000/220 | 台 | 6 | 2 800 000 | 97 555.66 | 1 680.00 | 58.53 |
| | 单相双卷变压器 DFP－300000/500 | 台 | 3 | 7 800 000 | 136 280.03 | 2 340.00 | 40.89 |
| | 中性点避雷器 Y1.5W－144/320W | 台 | 2 | 20 000 | | 4.00 | 0.00 |
| | 中性点隔离开关　400A 单相 | 台 | 2 | 5 000 | | 1.00 | 0.00 |
| | 中性点电流互感器 110kV,400/5A | 台 | 4 | 20 000 | | 8.00 | 0.00 |
| | 主变压器轨道 43kg/m | 双 10m | 20.00 | | 10 827.04 | 0.00 | 21.65 |
| 2 | 高压电气及设备安装工程 | | | | | 969.80 | 4.80 |
| ⋮ | ⋮ | ⋮ | ⋮ | | ⋮ | ⋮ | ⋮ |
| 3 | 一次拉线 | | | | | 0.00 | 66.93 |
| ⋮ | ⋮ | ⋮ | ⋮ | | ⋮ | ⋮ | ⋮ |
| 三 | 公用设备及安装工程 | | | | | 2 139.97 | 649.16 |
| 1 | 通信设备及安装工程 | | | | | 265.00 | 242.48 |
| (1) | 光缆通信 | | | | | 80.00 | 234.31 |
| | 光纤通信设备 | 套 | 2 | 400 000 | 3 647.03 | 80.00 | 0.73 |
| | OPGW 光缆 6 芯　单模 | km | 20.00 | | 33 827.72 | 0.00 | 67.65 |
| | OPGW 光缆 8 芯　单模 | km | 45.00 | | 36 872.72 | 0.00 | 165.93 |
| (2) | 载波通信 | | | | | 90.00 | 1.50 |
| | 500kV 电力载波系统 | 套 | 2 | 450 000 | 7 514.29 | 90.00 | 1.50 |
| (3) | 生产调度通信 | | | | | 95.00 | 6.67 |
| | 数字式程控交换机 400 门 | 套 | 1 | 850 000 | 66 681.76 | 85.00 | 6.67 |
| | 通信设备测试仪器仪表 | 套 | 1 | 100 000 | | 10.00 | 0.00 |

续表 4-5

| 编号 | 名称及规格 | 单位 | 数量 | 单价(元) | | 合价(万元) | |
|---|---|---|---|---|---|---|---|
| | | | | 设备费 | 安装费 | 设备费 | 安装费 |
| 2 | 通风采暖设备及安装工程 | | | | | 19.82 | 17.25 |
| | ⋮ | ⋮ | ⋮ | | ⋮ | ⋮ | ⋮ |
| 3 | 机修设备及安装工程 | | | | | 56.27 | 0.00 |
| | ⋮ | ⋮ | ⋮ | | ⋮ | ⋮ | ⋮ |
| 4 | 计算机监控系统 | | | | | 900.00 | 74.36 |
| | 计算机监控系统设备 | 套 | 1 | 9 000 000 | 743 608.88 | 900.00 | 74.36 |
| 5 | 工业电视系统 | | | | | 200.00 | 0.00 |
| | 工业电视设备 | 套 | 1 | 2 000 000 | | 200.00 | 0.00 |
| 6 | 全厂接地、保护网 | | | | | 0.00 | 42.48 |
| | 接地扁钢 | t | 3.00 | | 13 142.87 | 0.00 | 3.94 |
| | 接地处理 | 项 | 1 | | 300 000 | 0.00 | 30.00 |
| | 避雷针 | t | 6.50 | | 13 142.87 | 0.00 | 8.54 |
| 7 | 坝区馈电设备及安装工程 | | | | | 22.00 | 0.00 |
| | 坝顶变压器 SC10－400/10 | 台 | 2 | 110 000 | | 22.00 | 0.00 |
| 8 | 供水、排水设备及安装工程 | 项 | 1 | 300 000 | | 30.00 | 0.00 |
| 9 | 水文、水情、泥沙监测设备 | | | | | 150.00 | 30.00 |
| | 水情自动测报系统 | 套 | 1 | 1 500 000 | 300 000 | 150.00 | 30.00 |
| 10 | 外部观测设备及安装工程 | | | | | 496.88 | 242.57 |
| | 监测设备及安装 | 项 | 1 | 4 968 805.28 | 2 425 749 | 496.88 | 242.57 |

表 4-6　金属结构设备及安装工程概算表

| 编号 | 名称及规格 | 单位 | 数量 | 单价(元) | | 合价(万元) | |
|---|---|---|---|---|---|---|---|
| | | | | 设备费 | 安装费 | 设备费 | 安装费 |
| | 第三部分　金属结构设备及安装工程 | | | | | 6 502.14 | 2 847.57 |
| 一 | 泄洪工程 | | | | | 3 739.85 | 386.47 |
| 1 | 闸门设备及安装 | | | | | 2 189.14 | 265.43 |
| (1) | 溢洪道 | | | | | 1 795.10 | 221.66 |
| | 弧形工作门　300t/扇 | t | 900.00 | 14 000.00 | 1 676.73 | 1 260.00 | 150.91 |
| | 埋件　15t/付 | t | 45.00 | 13 500.00 | 2 725.90 | 60.75 | 12.27 |
| | 平面叠梁检修门　240t/扇 | t | 240.00 | 12 000.00 | 1 626.56 | 288.00 | 39.03 |
| | 埋件　25t/付 | t | 75.00 | 11 000.00 | 2 593.82 | 82.50 | 19.45 |
| | 运杂费 | | | 6.14% | | 103.85 | |

续表 4-6

| 编号 | 名称及规格 | 单位 | 数量 | 单价(元) | | 合价(万元) | |
|---|---|---|---|---|---|---|---|
| | | | | 设备费 | 安装费 | 设备费 | 安装费 |
| (2) | 泄洪洞 | | | | | 394.04 | 43.77 |
| | 弧形工作门　125t/扇 | t | 125.00 | 14 000.00 | 1 102.87 | 175.00 | 13.79 |
| | 埋件　35t/付 | t | 15.00 | 13 500.00 | 2 593.82 | 20.25 | 3.89 |
| | 平板检修门　110t/扇 | t | 110.00 | 12 000.00 | 1 428.49 | 132.00 | 15.71 |
| | 埋件　40t/付 | t | 40.00 | 11 000.00 | 2 593.82 | 44.00 | 10.38 |
| | 运杂费 | | | 6.14% | | 22.79 | |
| 2 | 启闭设备及安装 | | | | | 1 550.71 | 121.04 |
| (1) | 溢洪道 | | | | | 1 159.05 | 92.80 |
| | 液压启闭机　70t/台 | 台 | 3 | 2 940 000.00 | 187 923.32 | 882.00 | 56.38 |
| | 单向门机　140t/台 | 台 | 1 | 2 100 000.00 | 154 197.69 | 210.00 | 15.42 |
| | 轨道　QU120 | 双 10m | 8.60 | | 24 416.98 | | 21.00 |
| | 运杂费 | | | 6.14% | | 67.05 | |
| (2) | 泄洪洞 | | | | | 391.66 | 28.24 |
| | 卷扬式启闭机　100t/台 | 台 | 1 | 1 800 000.00 | 133 840.23 | 180.00 | 13.38 |
| | 液压启闭机　45t/台 | 台 | 1 | 1 890 000.00 | 148 643.30 | 189.00 | 14.86 |
| | 运杂费 | | | 6.14% | | 22.66 | |
| 二 | 引水工程 | | | | | 2 320.75 | 2 396.18 |
| 1 | 闸门设备及安装 | | | | | 558.30 | 80.87 |
| | 检修平板闸门　110t/扇 | t | 110.00 | 12 000.00 | 1 437.34 | 132.00 | 15.81 |
| | 埋件　30t/付 | t | 60.00 | 11 000.00 | 2 593.82 | 66.00 | 15.56 |
| | 工作平板闸门　100t/扇 | t | 200.00 | 12 000.00 | 1 437.34 | 240.00 | 28.75 |
| | 埋件　40t/付 | t | 80.00 | 11 000.00 | 2 593.82 | 88.00 | 20.75 |
| | 运杂费 | | | 6.14% | | 32.30 | |
| 2 | 启闭设备及安装 | | | | | 1 384.06 | 120.03 |
| | 双向门机　500t/台 | 台 | 1 | 8 000 000.00 | 505 333.97 | 800.00 | 50.53 |
| | 液压启闭机　60t/台 | 台 | 2 | 2 520 000.00 | 164 364.48 | 504.00 | 32.87 |
| | 轨道　QU120 | 双 10m | 15.00 | | 24 416.98 | | 36.63 |
| | 运杂费 | | | 6.14% | | 80.06 | |
| 3 | 拦污设备及安装 | | | | | 378.39 | 44.96 |
| | 拦污栅 | t | 280.00 | 10 000.00 | 882.06 | 280.00 | 24.70 |
| | 埋件 | t | 85.00 | 9 000.00 | 2 383.17 | 76.50 | 20.26 |

续表 4-6

| 编号 | 名称及规格 | 单位 | 数量 | 单价(元) | | 合价(万元) | |
|---|---|---|---|---|---|---|---|
| | | | | 设备费 | 安装费 | 设备费 | 安装费 |
| | 运杂费 | | | 6.14% | | 21.89 | |
| 4 | 钢管制作及安装 | | | | | | 2 150.32 |
| | 钢管制作及安装 | t | 1 847.00 | | 11 642.25 | | 2 150.32 |
| 三 | 发电厂工程 | | | | | 441.54 | 64.91 |
| 1 | 闸门设备及安装 | | | | | 250.49 | 36.79 |
| | 检修门　40t/扇 | t | 160.00 | 11 000.00 | 1 277.59 | 176.00 | 20.44 |
| | 埋件　15t/付 | t | 60.00 | 10 000.00 | 2 725.90 | 60.00 | 16.35 |
| | 运杂费 | | | 6.14% | | 14.49 | |
| 2 | 启闭设备及安装 | | | | | 191.05 | 28.12 |
| | 单向门机　120t/台 | 台 | 1 | 1 800 000.00 | 124 882.47 | 180.00 | 12.49 |
| | 轨道　QU120 | 双 10m | 6.40 | | 24 416.98 | | 15.63 |
| | 运杂费 | | | 6.14% | | 11.05 | |

表 4-7　施工临时工程概算表

| 编号 | 工程或费用名称 | 单位 | 数量 | 单价(元) | 合价(万元) |
|---|---|---|---|---|---|
| | 第四部分　施工临时工程 | | | | 11 968.64 |
| 一 | 导流工程 | | | | 7 277.22 |
| 1 | 导流洞工程 | | | | 6 215.49 |
| | 石方明挖 | $m^3$ | 149 274 | 30.58 | 456.48 |
| | 石方洞挖 | $m^3$ | 160 742 | 69.26 | 1 113.30 |
| | 混凝土衬砌 | $m^3$ | 20 856 | 423.42 | 883.08 |
| | 导流洞洞口混凝土 | $m^3$ | 12 500 | 388.96 | 486.20 |
| | 混凝土喷护 | m | 2 100 | 624.03 | 131.05 |
| | 钢筋制安 | t | 2 200 | 7 607.47 | 1 673.64 |
| | 锚杆 $\phi 28, L=4.5$m | 根 | 6 500 | 216.42 | 140.67 |
| | 回填灌浆 | m | 12 120 | 80.16 | 97.15 |
| | 封堵混凝土 | $m^3$ | 8 845 | 350 | 309.58 |
| | 浆砌石 | $m^3$ | 3 200 | 163.63 | 52.36 |
| | 导流洞封堵闸门及埋件 | t | 360 | 11 000 | 396.00 |
| | 导流洞封堵用固定卷扬式启闭机 | t | 100 | 18 000 | 180.00 |
| | 其他 | % | 5.00 | 59 195 169.56 | 295.98 |
| 2 | 土石围堰工程 | | | | 1 061.73 |

续表 4-7

| 编号 | 工程或费用名称 | 单位 | 数量 | 单价(元) | 合价(万元) |
| --- | --- | --- | --- | --- | --- |
| (1) | 上游围堰 | | | | 668.63 |
| | 黏土填筑 | $m^3$ | 66 190 | 18.68 | 123.64 |
| | 反滤料填筑 | $m^3$ | 5 500 | 79.85 | 43.92 |
| | 石渣填筑 | $m^3$ | 248 100 | 10.56 | 261.99 |
| | 干砌块石 | $m^3$ | 6 588 | 80.71 | 53.17 |
| | 旋喷防渗墙,厚0.8m | $m^2$ | 2 100 | 885.25 | 185.90 |
| (2) | 下游围堰 | | | | 393.10 |
| | 黏土填筑 | $m^3$ | 11 063 | 18.68 | 20.67 |
| | 反滤料填筑 | $m^3$ | 1 800 | 79.85 | 14.37 |
| | 石渣填筑 | $m^3$ | 41 000 | 10.56 | 43.30 |
| | 干砌块石 | $m^3$ | 3 005 | 80.71 | 24.25 |
| | 旋喷防渗墙,厚0.8m | $m^2$ | 2 050 | 885.25 | 181.48 |
| | 钢筋石笼 | $m^3$ | 2 200 | 154.68 | 34.03 |
| | 围堰拆除 | $m^3$ | 56 868 | 13.19 | 75.01 |
| 二 | 施工交通工程 | | | | 2 650.00 |
| | $7^{\#}$~$9^{\#}$右岸填筑道路,泥结碎石,宽9.0m | km | 2 | 2 500 000 | 500.00 |
| | $13^{\#}$料场采运道路,泥结碎石,宽9.0m | km | 2 | 2 500 000 | 500.00 |
| | $3^{\#}$左岸出渣道路,泥结碎石,宽7.0m | km | 0.5 | 2 000 000 | 100.00 |
| | $4^{\#}$~$6^{\#}$、$11^{\#}$右岸出渣道路,泥结碎石,宽7.0m | km | 3 | 1 700 000 | 510.00 |
| | $12^{\#}$砂石系统进料道路,泥结碎石,宽7.0m | km | 1 | 1 700 000 | 170.00 |
| | 导流洞施工道路,宽7m | km | 3 | 1 200 000 | 360.00 |
| | 其他施工道路,泥结碎石,宽7.0m | km | 3 | 1 700 000 | 510.00 |
| 三 | 施工供电工程 | | | | 608.00 |
| | 35kV供电线路 | km | 15 | 200 000 | 300.00 |
| | 10kV供电线路 | km | 7 | 120 000 | 84.00 |
| | 6.3kV供电线路 | km | 3 | 80 000 | 24.00 |
| | 35kV施工变电站 | 座 | 1 | 2 000 000 | 200.00 |
| 四 | 施工房屋建筑工程 | | | | 1 433.42 |
| 1 | 场地平整 | | | | 478.92 |
| | 土方开挖 | $m^3$ | 6 780 | 8.62 | 5.84 |
| | 石方开挖 | $m^3$ | 15 820 | 19.57 | 30.96 |
| | 土石方回填 | $m^3$ | 52 200 | 3.08 | 16.08 |

续表 4-7

| 编号 | 工程或费用名称 | 单位 | 数量 | 单价(元) | 合价(万元) |
|---|---|---|---|---|---|
| | M7.5 浆砌块石 | $m^3$ | 16 130 | 163.63 | 263.94 |
| | C15 混凝土(地坪) | $m^3$ | 5 800 | 279.49 | 162.10 |
| 2 | 施工仓库及辅助加工厂 | | | | 954.50 |
| | 施工仓库 | $m^2$ | 2 800 | 300 | 84.00 |
| | 辅助加工厂 | $m^2$ | 3 200 | 350 | 112.00 |
| | 办公、生活及文化福利建筑 | 万元 | | | 758.50 |

**表 4-8　独立费用概算表**

| 编号 | 工程或费用名称 | 单位 | 数量(万元) | 单价(元) | 合价(万元) |
|---|---|---|---|---|---|
| | 第五部分　独立费用 | | | | 17 894.63 |
| 一 | 建设管理费 | | | | 4 617.28 |
| 1 | 项目管理费 | | | | 3 433.56 |
| | 建设单位开办费 | | | | 550.00 |
| | 建设单位经常费 | | | | 1 902.54 |
| | 工程管理经常费 | | | | 981.02 |
| 2 | 工程建设监理费 | | 75 981.59 | 1.50% | 1 139.72 |
| 3 | 联合试运转费 | | | | 44.00 |
| 二 | 生产准备费 | | | | 535.53 |
| 1 | 生产及管理单位提前进厂费 | | 75 981.59 | 0.20% | 151.96 |
| 2 | 生产职工培训费 | | 75 981.59 | 0.30% | 227.94 |
| 3 | 管理用具购置费 | | 75 981.59 | 0.04% | 30.39 |
| 4 | 备品备件购置费 | | 23 184.29 | 0.40% | 92.74 |
| 5 | 工器具及生产家具购置费 | | 40 628.95 | 0.08% | 32.50 |
| 三 | 科研勘测设计费 | | | | 8 746.06 |
| 1 | 工程科学研究试验费 | | 75 981.59 | 0.50% | 379.91 |
| 2 | 工程勘测设计费 | | | | 8 366.15 |
| 四 | 建设及施工场地征用费 | | | | 3 489.87 |
| 五 | 其他 | | | | 505.89 |
| 1 | 定额编制管理费 | | 75 981.59 | 0.05% | 37.99 |
| 2 | 工程质量监督费 | | 75 981.59 | 0.10% | 75.98 |
| 3 | 工程保险费 | | 75 981.59 | 0.45% | 341.92 |
| 4 | 其他税费 | | | | 50.00 |

表 4-9　分年度投资表　单位:万元

| 序号 | 项目名称 | 合计 | 建设工期(年) | | | | |
|---|---|---|---|---|---|---|---|
| | | | 1 | 2 | 3 | 4 | 5 |
| 1 | 第一部分:建筑工程 | 58 821.82 | 2 284.47 | 22 003.55 | 24 424.66 | 8 658.75 | 1 450.39 |
| 2 | 第二部分:机电设备及安装工程 | 36 470.38 | 0.00 | 4 990.29 | 23 288.04 | 6 017.23 | 2 174.82 |
| 3 | 第三部分:金属结构设备及安装工程 | 9 349.70 | 0.00 | 2 592.44 | 4 010.24 | 2 747.02 | 0.00 |
| 4 | 第四部分:临时工程 | 11 968.64 | 10 056.90 | 1 911.74 | 0.00 | 0.00 | 0.00 |
| 5 | 第五部分:独立费用 | 17 894.63 | 2 216.28 | 4 749.74 | 6 428.93 | 3 473.96 | 1 025.72 |
| 6 | 一至五部分合计 | 134 505.17 | 14 557.65 | 36 247.77 | 58 151.87 | 20 896.96 | 4 650.92 |
| 7 | 基本预备费 | 8 070.31 | 998.73 | 2 113.55 | 3 461.44 | 1 218.65 | 277.94 |
| 8 | 静态总投资 | 142 575.48 | 15 556.38 | 38 361.32 | 61 613.29 | 22 115.62 | 4 928.87 |
| 9 | 价差预备费 | 12 076.86 | 466.69 | 2 336.20 | 5 713.23 | 2 775.70 | 785.04 |
| 10 | 建设期融资利息 | 17 864.16 | 320.46 | 1 470.90 | 3 704.92 | 5 734.52 | 6 633.36 |
| 11 | 总投资 | 172 516.50 | 16 343.54 | 42 168.42 | 71 031.43 | 30 625.85 | 12 347.26 |

**(二)概算附表**

概算附表如表4-10 ~ 表4-17 所示。

表 4-10　建筑工程单价汇总表　单位:元

| 编号 | 工程名称 | 单位 | 单价 | 其中 | | | | | | | |
|---|---|---|---|---|---|---|---|---|---|---|---|
| | | | | 人工费 | 材料费 | 机械费 | 其他直接费 | 现场经费 | 间接费 | 企业利润 | 税金 |
| 1 | 坝基土方开挖 | $m^3$ | 14.60 | 0.14 | 0.42 | 10.36 | 0.22 | 0.98 | 1.09 | 0.92 | 0.47 |
| 2 | 石渣运输 | $m^3$ | 39.59 | 0.53 | 0.58 | 28.48 | 0.59 | 2.66 | 2.96 | 2.51 | 1.28 |
| | ⋮ | | | | | | | | | | |
| 26 | 浆砌石 | $m^3$ | 163.63 | 36.16 | 83.09 | 3.04 | 2.45 | 11.01 | 12.22 | 10.36 | 5.30 |
| | ⋮ | | | | | | | | | | |
| 32 | 反滤料运输 | $m^3$ | 15.15 | 0.08 | 0.11 | 11.13 | 0.23 | 1.02 | 1.13 | 0.96 | 0.49 |
| 33 | 反滤料填筑 | $m^3$ | 86.07 | 0.63 | 44.29 | 19.4 | 1.29 | 5.79 | 6.43 | 5.45 | 2.79 |
| | ⋮ | | | | | | | | | | |
| 59 | 钢筋制安 | t | 7 607.47 | 567.13 | 4 065.19 | 1 323.59 | 119.12 | 476.47 | 327.84 | 481.55 | 246.58 |
| | ⋮ | | | | | | | | | | |

**表 4-11　安装工程单价汇总表**　　单位:元

| 编号 | 工程名称 | 单位 | 单　价 | 其　中 | | | | |
|---|---|---|---|---|---|---|---|---|
| | | | | 人工费 | 材料费 | 机械费 | 装置性材料费 | 其他直接费 |
| 1 | 混流式水轮机 | 台 | 1 309 994.04 | 418 590.18 | 225 661.53 | 122 007.70 | | 20 689.00 |
| | ⋮ | | | | | | | |
| *n* | 计算机监控系统 | 套 | 743 608.88 | 270 000.00 | 45 000.00 | 54 000.00 | 36 000.00 | 10 935.00 |

| 编号 | 工程名称 | 单位 | 单　价 | 其　中 | | | |
|---|---|---|---|---|---|---|---|
| | | | | 现场经费 | 间接费 | 企业利润 | 税金 |
| 1 | 混流式水轮机 | 台 | 1 309 994.04 | 188 365.58 | 209 295.09 | 82 922.65 | 42 462.31 |
| | ⋮ | | | | | | |
| *n* | 计算机监控系统 | 套 | 743 608.88 | 121 500 | 135 000 | 47 070.45 | 24 103.43 |

**表 4-12　主要材料预算价格汇总表**　　单位:元

| 编号 | 材料名称及规格 | 单位 | 预算价格 | 其　中 | | | |
|---|---|---|---|---|---|---|---|
| | | | | 原价 | 运杂费 | 运输保险费 | 采购及保管费 |
| 1 | 普通硅酸盐水泥 425$^{\#}$(袋装) | t | 433.62 | 288.00 | 132.41 | 0.58 | 12.63 |
| 2 | 普通硅酸盐水泥 525$^{\#}$(袋装) | t | 507.92 | 360.00 | 132.41 | 0.72 | 14.79 |
| 3 | 普通钢板 | t | 4 849.56 | 4 510.00 | 189.29 | 9.02 | 141.25 |
| 4 | 钢板 $\delta = 34 \sim 36$mm | t | 5 365.59 | 5 010.00 | 189.29 | 10.02 | 156.28 |
| 5 | 普通钢筋Φ16 ~ 18 | t | 3 803.20 | 3 550.00 | 137.10 | 5.33 | 110.77 |
| 6 | 低合金钢筋　20MnSi Φ20 ~ 25mm | t | 3 700.04 | 3 450.00 | 137.10 | 5.18 | 107.76 |
| 7 | 2$^{\#}$岩石铵梯炸药 | t | 6 678.51 | 6 286.01 | 147.69 | 50.29 | 194.52 |
| 8 | 4$^{\#}$抗水岩石铵梯炸药 | t | 7 339.00 | 6 922.18 | 147.69 | 55.38 | 213.75 |
| 9 | 柴油 0$^{\#}$ | t | 4 949.81 | 4 779.00 | 19.47 | 7.17 | 144.17 |
| 10 | 汽油 90$^{\#}$ | t | 5 656.96 | 5 463.00 | 21.00 | 8.19 | 164.77 |
| 11 | 杉原木 | m$^3$ | 895.84 | 850.00 | 19.75 | | 26.09 |
| 12 | 松原木 | m$^3$ | 792.84 | 750.00 | 19.75 | | 23.09 |

**表 4-13　次要材料预算价格计算表**

| 编号 | 材料名称及规格 | 单位 | 原价(元) | 杂费(元) | 预算价格(元) |
|---|---|---|---|---|---|
| 1 | 钢管 | m | 13.62 | 0.93 | 14.55 |
| 2 | 工作锚具 QM15 - 7 | 套 | 288.00 | 18.00 | 306.00 |
| 3 | 锚具 OVM15 - 7 | 套 | 230.00 | 15.00 | 245.00 |
| 4 | 铜电焊条 | kg | 35.50 | | 35.50 |
| | ⋮ | | | | |

表 4-14　施工机械台时费汇总表　单位:元

| 编号 | 名称及规格 | 台时费 | 其中 | | | | |
|---|---|---|---|---|---|---|---|
| | | | 折旧费 | 修理及替换设备费 | 安装拆卸费 | 人工费 | 动力燃料费 |
| 1 | 轮式装载机,2m | 139.59 | 15.96 | 14.46 | 1.28 | 9.41 | 98.48 |
| 2 | 振动碾,拖式,重量 14t | 62.88 | 10.76 | 7.80 | | | 44.32 |
| 3 | 风水枪,耗风量 2~6$m^3$/min | 24.21 | 0.23 | 0.69 | | | 23.29 |
| 4 | 汽车起重机,柴油型,起重量 15t | 159.54 | 32.43 | 39.45 | | 18.72 | 68.94 |
| 5 | 轴流通风机,功率 55kW | 54.57 | 4.65 | 8.11 | 1.39 | 6.47 | 33.95 |
| | ⋮ | | | | | | |

表 4-15　主要工程量汇总表

| 编号 | 工程项目 | 土石方明挖($m^3$) | 石方洞挖($m^3$) | 土石填筑($m^3$) | 混凝土($m^3$) | 钢筋(t) | 固结灌浆(m) |
|---|---|---|---|---|---|---|---|
| | 第一部分　建筑工程 | 3 280 300.00 | 135 100.00 | 2 739 600.00 | 392 363.00 | 19 822.00 | 60 016.00 |
| 一 | 挡水工程 | 455 500.00 | 1 800.00 | 2 505 500.00 | 27 688.00 | 2 075.00 | 8 100.00 |
| 二 | 泄洪工程 | 2 122 300.00 | 74 300.00 | | 130 471.00 | 6 131.00 | 30 091.00 |
| 三 | 引水工程 | 304 200.00 | 59 000.00 | | 98 284.00 | 6 705.00 | 19 725.00 |
| 四 | 发电厂工程 | 398 300.00 | | 106 860.00 | 130 420.00 | 4 702.00 | 2 100.00 |
| 五 | 升压变电站工程 | | | 127 240.00 | 5 500.00 | 209.00 | |
| ⋮ | ⋮ | ⋮ | ⋮ | ⋮ | ⋮ | ⋮ | ⋮ |
| | 第四部分　施工临时工程 | 205 674.00 | 160 742.00 | 489 846.00 | 56 341.00 | 2 200.00 | |
| 一 | 导流工程 | 160 474.00 | 160 742.00 | 385 446.00 | 44 741.00 | 2 200.00 | |
| 二 | 施工交通工程 | 22 600.00 | | 52 200.00 | 5 800.00 | | |
| 三 | 房屋建筑工程 | 22 600.00 | | 52 200.00 | 5 800.00 | | |
| | 合计 | 3 485 974.00 | 295 842.00 | 3 229 446.00 | 448 704.00 | 22 022.00 | 60 016.00 |

表 4-16　主要材料用量汇总表

| 序号 | 材料名称 | 单位 | 合计 | 施工临时工程 | 建筑工程 | 机电设备安装工程 | 金属结构设备安装工程 |
|---|---|---|---|---|---|---|---|
| 1 | 水泥 | t | 162 726.70 | 22 725.11 | 140 001.59 | | |
| 2 | 钢筋 | t | 25 905.02 | 2 696.82 | 23 208.20 | | |
| 3 | 钢材 | t | 349.36 | | | 132.70 | 216.66 |
| 4 | 木材 | $m^3$ | 8 885.82 | 173.80 | 8 556.16 | 46.88 | 108.98 |
| 5 | 柴油 | t | 9 695.06 | 949.48 | 8 662.79 | 8.85 | 73.94 |
| 6 | 炸药 | t | 1 957.00 | 282.16 | 1 674.84 | | |

表 4-17 工时数量汇总表

| 序号 | 项目 | 单位 | 合计 | 施工临时工程 | 建筑工程 | 机电设备安装工程 | 金属结构设备安装工程 |
|---|---|---|---|---|---|---|---|
| 1 | 工长 | 工时 | 798 028.09 | 44 907.53 | 649 519.17 | 58 917.97 | 44 683.42 |
| 2 | 高级工 | 工时 | 5 449 522.55 | 398 160.36 | 4 145 786.37 | 444 896.36 | 460 679.46 |
| 3 | 中级工 | 工时 | 5 892 701.15 | 512 966.06 | 4 802 401.07 | 288 520.64 | 288 813.38 |
| 4 | 初级工 | 工时 | 6 928 259.60 | 1 067 156.96 | 5 583 748.39 | 147 268.35 | 130 085.90 |
| | 合计 | | 19 068 511.39 | 2 023 190.91 | 15 181 455.00 | 939 603.32 | 924 262.16 |

**(三)概算附件**

附件一　人工预算单价计算

该工程地处六类地区,无地区津贴。依据水利部水总[2002]116 号文件的人工预算单价计算方法及计算标准,各工种计算见表 4-18。

表 4-18　人工预算单价计算表　　单位:元

| 序号 | 项目 | 工长 | 高级工 | 中级工 | 初级工 |
|---|---|---|---|---|---|
| 1 | 基本工资 | 28.08 | 25.53 | 20.42 | 13.79 |
| 2 | 辅助工资 | 10.19 | 10.09 | 9.87 | 5.69 |
| (1) | 地区津贴 | 无 | 无 | 无 | 无 |
| (2) | 施工津贴(5.3 元/天) | 7.82 | 7.82 | 7.82 | 3.91 |
| (3) | 夜餐津贴((4.5+3.5)÷2×30%) | 1.20 | 1.20 | 1.20 | 1.20 |
| (4) | 节日加班((1)×3×10÷251×35%) | 1.17 | 1.07 | 0.85 | 0.58 |
| 3 | 工资附加费 | 18.56 | 17.27 | 14.69 | 4.87 |
| (1) | 职工福利基金(((1)+(2))×费率标准) | 5.36 | 4.99 | 4.24 | 1.36 |
| (2) | 工会经费(((1)+(2))×费率标准) | 0.77 | 0.71 | 0.61 | 0.19 |
| (3) | 养老保险费(((1)+(2))×费率标准) | 7.65 | 7.13 | 6.06 | 1.96 |
| (4) | 医疗保险费(((1)+(2))×费率标准) | 1.53 | 1.42 | 1.21 | 0.39 |
| (5) | 工伤保险费(((1)+(2))×费率标准)) | 0.57 | 0.53 | 0.45 | 0.29 |
| (6) | 职工失业保险费(((1)+(2))×费率标准) | 0.77 | 0.71 | 0.61 | 0.19 |
| (7) | 住房公积金(((1)+(2))×费率标准) | 1.91 | 1.78 | 1.51 | 0.49 |
| 4 | 人工工日预算单价(元/工日) | 56.84 | 52.89 | 44.99 | 24.34 |
| 5 | 人工工时预算单价(元/工时) | 7.11 | 6.61 | 5.62 | 3.04 |

附件二　主要材料运输费计算

该工程的主要材料有钢材、水泥、民用爆破材料、油料等。此处不能一一计算,仅以水泥的运输费加以说明。

水泥由 J 水泥厂在 S 市的转运站供应。从 S 市的转运站经 F 县至 Z 县,再运到工地的公路运输距离185km。经调查，水泥0.65元/(t·km)，装卸费为5元/(t·次)，S市经F县至Z县的收费站的收费可按0.85元/(t·次)计取(返空暂不计取)。

水泥运杂费 = 185 × 0.65 + 5 × 2 + 0.85 = 131.10(元/t)。

附件三　主要材料预算价格计算

主要材料预算价格计算见表4-19。

附件四　施工用电、风、水单价计算

一、施工用电价格

施工用电由某电网供电98%，自备柴油发电机供电2%。电网电价0.69元/kWh，高压输电线路损耗率5%，电网、自发电的变配电设备及输电线路损耗率分别取8%、6%，供电设施维修摊销费0.02元/kWh，厂用电率取5%。柴油发电机总容量为245kW，其中1台85kW移动式柴油发电机，1台160kW固定式柴油发电机，两种发电机的机械台时费分别为116.14元/台时、184.50元/台时。柴油发电机组出力系数取0.8，采用循环冷却水，不用水泵，单位循环冷却水费取0.03元/$m^3$。施工用电价格计算如下：

(1)电网供电价格：

电网供电价格 = 0.69 ÷ (1 − 5%) ÷ (1 − 8%) + 0.02 = 0.809(元/kWh)

(2)自发电电价：

柴油发电机供电价格 = (116.14 + 184.50) ÷ (245 × 0.8) ÷ (1 − 5%) ÷ (1 − 6%) + 0.03 + 0.02
= 1.768(元/kWh)

(3)电价：

电价 = 电网供电价格 × 98% + 自发电电价 × 2%
= 0.809 × 98% + 1.768 × 2% = 0.828(元/kWh)

二、施工用风价格

根据施工组织设计，共设置左右岸两个供风系统180$m^3$/min：左岸供风系统配置40$m^3$/min固定式空压机2台(经计算，台时费为120.18元/台时)，9$m^3$/min电动移动式空压机4台(经计算，台时费为38.79元/台时)；右岸供风系统配置20$m^3$/min固定式空压机2台(经计算，台时费为74.03元/台时)，6$m^3$/min电动移动式空压机4台(经计算，台时费为29.78元/台时)。空压机系统各采用功率为7kW的单级水泵供水冷却，经计算，该水泵台时费为8.45元/台时。空压机能量利用系数取0.75，供风损耗率取12%，供风设施维修摊销费取0.003元/$m^3$，左、右岸供风比例分别为65%、35%。施工用风价格计算如下。

(1)计算台时总产风量：

左岸台时总产风量 = (40 × 2 + 9 × 4) × 60 × 0.75 = 5 220($m^3$)

右岸台时总产风量 = (20 × 2 + 6 × 4) × 60 × 0.75 = 2 880($m^3$)

(2)计算台时总费用：

左岸台时总费用 = 120.18 × 2 + 38.79 × 4 + 8.45 = 403.97(元)

右岸台时总费用 = 74.03 × 2 + 29.78 × 4 + 8.45 = 275.63(元)

(3)施工用风综合价格：

表 4-19　主要材料预算价格计算表

| 编号 | 名称及规格 | 单位 | 单位毛重(t) | 每吨运费(元) | 价格(元) | | | | | | | | |
|---|---|---|---|---|---|---|---|---|---|---|---|---|---|
| | | | | | 原价 | 包装费 | 运杂费 | 采购及保管费 | 运到工地仓库价格 | 保险费 | 预算价格 | 比例(%) | 综合预算价格 |
| 1 | 某水泥厂水泥 | t | 1.01 | 131.10 | 288.00 | | 132.41 | 12.61 | 433.02 | 0.58 | 433.60 | 80 | 448.46 |
| 2 | 市场水泥 | t | 1.01 | 131.10 | 360.00 | | 132.41 | 14.77 | 507.18 | 0.72 | 507.90 | 20 | |
| 3 | 普通钢板 | t | 1 | 189.29 | 4 510.00 | | 189.29 | 140.98 | 4 840.27 | 9.02 | 4 849.29 | 100 | 4 849.29 |
| 4 | 钢板，$\delta$ = 34 ~ 36mm | t | 1 | 189.29 | 5 010.00 | | 189.29 | 155.98 | 5 355.27 | 10.02 | 5 365.29 | 100 | 5 365.29 |
| 5 | 钢筋 | t | 1 | 137.10 | 3 980.00 | | 137.10 | 123.51 | 4 240.61 | 0.00 | 4 240.61 | 100 | 4 240.61 |
| 6 | 普通钢筋Φ16 ~ 18 | t | 1 | 137.10 | 3 550.00 | | 137.10 | 110.61 | 3 797.71 | 5.33 | 3 803.04 | 100 | 3 803.04 |
| 7 | 低合金钢筋 20MnSi Φ20 ~ 25 | t | 1 | 137.10 | 3 450.00 | | 137.10 | 107.61 | 3 694.71 | 5.18 | 3 699.89 | 100 | 3 699.89 |
| 8 | 2#岩石铵梯炸药 | t | 1.08 | 136.75 | 6 286.01 | | 147.69 | 193.01 | 6 626.71 | 50.29 | 6 677.00 | 100 | 6 677.00 |
| 9 | 4#抗水岩石铵梯炸药 | t | 1.08 | 136.75 | 6 922.18 | | 147.69 | 212.10 | 7 281.97 | 55.38 | 7 337.35 | 100 | 7 337.35 |
| 10 | 柴油 0# | t | 1 | 19.47 | 4 779.00 | | 19.47 | 143.95 | 4 942.42 | 7.17 | 4 949.59 | 100 | 4 949.59 |
| 11 | 汽油 90# | t | 1 | 21.00 | 5 463.00 | | 21.00 | 164.52 | 5 648.52 | 8.19 | 5 656.71 | 100 | 5 656.71 |
| 12 | 杉原木 | m | 1 | 19.75 | 850.00 | | 19.75 | 26.09 | 895.84 | 0.00 | 895.84 | 100 | 895.84 |
| 13 | 松原木 | m | 1 | 19.75 | 750.00 | | 19.75 | 23.09 | 792.84 | 0.00 | 792.84 | 100 | 792.84 |

左岸用风价格 = 403.97 ÷ [5 220 × (1 − 12%)] + 0.003 = 0.090 9(元/$m^3$)

右岸用风价格 = 275.63 ÷ [2 880 × (1 − 12%)] + 0.003 = 0.111 8(元/$m^3$)

施工用风综合价格 = 0.090 9 × 65% + 0.111 8 × 35% = 0.098(元/$m^3$)

三、施工用水价格

按施工组织设计设 100D24 ×4 水泵 4 台(功率 30kW,其中一台备用),包括管路损失在内的扬程为 96m;另设 100D24 ×6 水泵 4 台(功率 40kW,其中一台备用),包括管路损失在内的扬程为 120m。经计算,100D24 ×4 水泵台时费为 21.83 元,100D24 ×6 水泵台时费为 27.69 元;能量利用系数取 0.75,供水损耗率取 12%,供水设施维修摊销费取 0.03 元/$m^3$。施工用水价格计算如下。

(1)台时总出水量:

按水泵性能表查得:在 96m 扬程时,100D24 ×4 水泵出流量为 54$m^3$/h;在 120m 扬程时,100D24 ×6 水泵出流量为 72$m^3$/h,则

$$台时总出水量 = (54 \times 2 + 72 \times 2) \times 0.75 = 189(m^3)$$

(2)总台时费用:

$$总台时费用 = 21.83 \times 3 + 27.69 \times 3 = 148.56(元)$$

(3)水价:

$$
\begin{aligned}
施工用水价格 &= \frac{水泵(组)台时总费用}{水泵额定容量之和 \times K} \div (1 - 供水损耗率) + 供水设施维修摊销费 \\
&= 148.56 \div [189 \times (1 - 12\%)] + 0.03 \\
&= 0.923(元/m^3)
\end{aligned}
$$

附件五　施工机械台时费计算

施工机械台时费计算见表 4-20。

**表 4-20　施工机械台时费计算表**

| 定额编号 | 机械名称 | 项目 | 一类费用 | 人工 | 汽油 | 柴油 | 电 | 风 | 水 | 二类费用合计(元) | 合计(元) |
|---|---|---|---|---|---|---|---|---|---|---|---|
| | | 单位 | 元 | 工时 | kg | kg | kWh | $m^3$ | $m^3$ | | |
| | | 单价 | | 5.62 | 5.6 | 4.8 | 0.828 | 0.098 | 0.923 | | |
| 1011 | 单斗挖掘机液压 $2m^3$ | 数量 | 147.3 | 2.7 | | 20.21 | | | | 112.13 | 259.43 |
| | | 合价 | 147.3 | 15.17 | | 96.96 | | | | | |
| 1042 | 推土机 59kW | 数量 | 24.31 | 2.4 | | 8.4 | | | | 53.808 | 78.12 |
| | | 合价 | 24.31 | 13.488 | | 40.32 | | | | | |
| ⋮ | ⋮ | ⋮ | ⋮ | ⋮ | ⋮ | ⋮ | ⋮ | ⋮ | ⋮ | ⋮ | ⋮ |

附件六　砂石料单价计算

根据施工组织设计,该工程采用天然砂石。天然砂经筛分后即可作为混凝土细骨料。但粗骨料须做超径石等的相应处理才能用于混凝土骨料。因开挖量较大,所需干、浆砌块石量相对不大,通过捡集即可应用。

一、综合费率计算

综合费率 = (1 + 2% + 2%) × (1 + 6%) × (1 + 7%) × (1 + 3.35%) − 1 = 21.91%

二、混凝土骨料单价计算

根据施工组织设计，$2m^3$ 液压反铲挖掘机挖砂砾料，20t 自卸汽车从砂砾料场运 4km 至加工系统。砂砾石料筛分过程中有超径石处理和砾石的中间破碎，该部分占成品的 25%。混凝土骨料采用 $2m^3$ 轮式装载机运 2km 至混凝土搅拌楼。

“砂砾石料筛分”、“超径石破碎”按施工组织设计处理能力分别为 110t/h、80t/h，天然砂砾料容重 $1.6t/m^3$。在套用定额时，有两点需注意：

(1)定额单位应前后统一。定额[60073]、[60086]中，定额单位为“100t 成品”，应化成与定额[60215]相一致的“成品堆方”。

(2)机械种类及其相应消耗，未按定额取用，而是根据施工组织设计的实际情况采用。

根据天然砂砾料筛洗定额的规定，有超径石处理同时有砾石中间破碎时，其采运量应乘以 1.16 的系数，则混凝土浇筑所用骨料的单价为：

砂预算单价 = ([60215] × 1.16 + [60073] + [60316]) × 1.219 1
= (12.75 × 1.16 + 7.41 + 10.75) × 1.219 1
= 40.17(元/$m^3$)

砾石预算单价 = ([60215] × 1.16 + [60073] + [60086] × 25% + [60316]) × 1.219 1
= (12.75 × 1.16 + 7.41 + 5.09 × 25% + 10.75) × 1.219 1
= 41.72(元/$m^3$)

三、块石单价计算

根据施工组织设计，浆砌石中的块石通过捡集，由胶轮车运 100m 至施工地点。块石预算单价为 15.44 × 1.219 1 = 18.82(元/$m^3$)。

砂石料直接费单价分析见表 4-21 ~ 表 4-25。

**表 4-21 砂砾石料开采运输单价分析表**

定额编号：[60215] 定额单位：$100m^3$ 成品堆方

施工方法：$2m^3$ 液压反铲挖掘机挖砂砾料，20t 自卸汽车从砂砾料场运 4km 至加工系统。

| 编号 | 名称及规格 | 单位 | 数量 | 单价(元) | 合价(元) |
|---|---|---|---|---|---|
| 1 | 直接费 | | | | 1 274.78 |
| (1) | 人工费 | 元 | | | 11.55 |
| | 工长 | 工时 | | | |
| | 高级工 | 工时 | | | |
| | 中级工 | 工时 | | | |
| | 初级工 | 工时 | 3.8 | 3.04 | 11.55 |
| (2) | 材料费 | 元 | | | 0.12 |
| | 零星材料费 | % | 1 | 11.55 | 0.12 |
| (3) | 机械使用费 | 元 | | | 1 263.11 |

续表 4-21

| 编号 | 名称及规格 | 单位 | 数量 | 单价(元) | 合价(元) |
|---|---|---|---|---|---|
| | 单斗挖掘机<br>液压反铲 $2m^3$ | 台时 | 0.58 | 259.43 | 150.47 |
| | 推土机 74kW | 台时 | 0.29 | 109.18 | 31.66 |
| | 自卸汽车　20t | 台时 | 5.34 | 202.43 | 1 080.98 |
| | 合　计 | 元 | | | 1 274.78 |

**表 4-22　砂砾石料筛分单价分析表**

定额编号:[60073]改　　定额单位:$100m^3$ 成品堆方

施工方法:砂砾石料筛分。

| 编号 | 名称及规格 | 单位 | 数量 | 单价(元) | 合价(元) |
|---|---|---|---|---|---|
| 1 | 直接费 | | | | 740.98 |
| (1) | 人工费 | 元 | | | 138.59 |
| | 中级工 | 工时 | 14.880 | 5.62 | 83.63 |
| | 初级工 | 工时 | 18.080 | 3.04 | 54.96 |
| (2) | 材料费 | 元 | | | 178.99 |
| | 水 | $m^3$ | 192.000 | 0.923 | 177.22 |
| | 其他材料费 | % | 1.000 | 177.22 | 1.77 |
| (3) | 机械使用费 | 元 | | | 423.40 |
| | ZG－300 型电机振动给料机(2 台) | 组时 | 0.762 | 34.24 | 26.09 |
| | GZG80－4 型电机振动给料机(2 台) | 组时 | 0.762 | 31.54 | 24.03 |
| | JZWB6.5 型电磁除铁器 | 台时 | 0.762 | 2.85 | 2.17 |
| | YAH1536 自重型圆振动筛 | 台时 | 0.762 | 40.90 | 31.17 |
| | 2400×8300 型槽式洗石机 | 台时 | 0.762 | 153.26 | 116.78 |
| | 预筛胶带机,固定式,800mm×75m(5 条) | 组时 | 0.762 | 266.40 | 203.00 |
| | 其他机械费 | % | 5.000 | 403.24 | 20.16 |
| | 合　计 | 元 | | | 740.98 |

**表 4-23　超径石破碎单价分析表**

定额编号:[60086]　　定额单位:$100m^3$ 成品堆方

施工方法:成品粒度小于 80mm;一台 PF1214 型反击式破碎机,处理能力 80t/h。

| 编号 | 名称及规格 | 单位 | 数量 | 单价(元) | 合价(元) |
|---|---|---|---|---|---|
| 1 | 直接费 | | | | 508.92 |
| (1) | 人工费 | 元 | | | 42.96 |
| | 中级工 | 工时 | 4.96 | 5.62 | 27.88 |
| | 初级工 | 工时 | 4.96 | 3.04 | 15.08 |

续表 4-23

| 编号 | 名称及规格 | 单位 | 数量 | 单价(元) | 合价(元) |
| --- | --- | --- | --- | --- | --- |
| (2) | 材料费 | 元 | | | 0.00 |
| (3) | 机械使用费 | 元 | | | 465.96 |
| | GZG80－4 型自同步振动给料机 | 台时 | 1.74 | 15.77 | 27.44 |
| | PF1214 型反击式破碎机 | 台时 | 1.74 | 175.49 | 305.35 |
| | 中间破碎胶带机 | 组时 | 0.7 | 183.66 | 128.56 |
| | 其他机械费 | % | 1 | 461.35 | 4.61 |
| | 合　计 | | | | 508.92 |

**表 4-24　混凝土骨料运输单价分析表**

定额编号:[60316]　　　　定额单位:100m³ 成品堆方

施工方法:2m³ 轮式装载机装 20t 自卸汽车运混凝土骨料 3km 至混凝土搅拌楼。

| 编号 | 名称及规格 | 单位 | 数量 | 单价(元) | 合价(元) |
| --- | --- | --- | --- | --- | --- |
| 1 | 直接费 | | | | 1 074.95 |
| (1) | 人工费 | 元 | | | 11.55 |
| | 初级工 | 工时 | 3.8 | 3.04 | 11.55 |
| (2) | 材料费 | 元 | | | 10.64 |
| | 零星材料费 | % | 1 | 1 064.32 | 10.64 |
| (3) | 机械使用费 | 元 | | | 1 052.76 |
| | 轮式装载机 2m³ | 台时 | 0.72 | 139.59 | 100.5 |
| | 推土机 74kW | 台时 | 0.36 | 109.18 | 39.30 |
| | 自卸汽车,柴油型,载重量 20t | 台时 | 4.51 | 202.43 | 912.96 |
| | 合　计 | 元 | | | 1 074.95 |

**表 4-25　块石捡集运输**

定额编号:[60427]+[60428]　　　　定额单位:100m³ 成品码方

施工方法:捡集块石,胶轮车运输。

| 编号 | 名称及规格 | 单位 | 数量 | 单价(元) | 合价(元) |
| --- | --- | --- | --- | --- | --- |
| 1 | 直接费 | | | | 1 544.10 |
| (1) | 人工费 | 元 | | | 1 492.34 |
| | 初级工 | 工时 | 490.9 | 3.04 | 1 492.34 |
| (2) | 材料费 | 元 | | | 10.74 |
| | 零星材料费 | % | | | 10.74 |
| (3) | 机械使用费 | 元 | | | 41.02 |
| | 胶轮车 | 台时 | 69.53 | 0.59 | 41.02 |
| | 合　计 | 元 | | | 1 544.10 |

附件七　混凝土材料单价计算

混凝土材料单价计算见表4-26。表中的混凝土预算量为试验数据。在编制混凝土材料单价时，如无相应的混凝土配合比，可参考水利部水总[2002]116号文颁发的《水利建筑工程概算定额》中的"附录七　混凝土、砂浆配合比及材料用量表"。

**表4-26　混凝土材料单价计算表**

| 混凝土名称 | 预算量 | | | | | | | 单价（元/$m^3$） |
|---|---|---|---|---|---|---|---|---|
| | 混凝土标号 | 水泥标号 | 水泥（kg） | 砂（$m^3$） | 石子（$m^3$） | 水（$m^3$） | 外加剂（kg） | |
| 掺外加剂C20（二级配） | C20 | 42.5 | 247.17 | 0.510 | 0.794 | 0.161 | 0.46 | 175.29 |
| 掺外加剂C20（三级配） | C20 | 42.5 | 205.44 | 0.412 | 0.941 | 0.134 | 0.38 | 156.06 |
| 掺外加剂C25（二级配） | C25 | 42.5 | 269.64 | 0.490 | 0.804 | 0.161 | 0.50 | 186.46 |
| 掺外加剂C30（二级配） | C30 | 42.5 | 296.39 | 0.470 | 0.804 | 0.161 | 0.55 | 199.45 |
| 接缝砂浆200# | 200# | 32.5 | 554.00 | 1.000 | | 0.270 | | 276.15 |
| 泵用掺外加剂C25（二级配） | C25 | 32.5 | 386.27 | 0.529 | 0.794 | 0.183 | 0.72 | 218.48 |
| 砌筑砂浆75# | 75# | 32.5 | 305.00 | 1.040 | | 0.184 | | 169.53 |
| 掺外加剂C15（三级配） | C15 | 32.5 | 189.39 | 0.412 | 0.941 | 0.134 | 0.35 | 133.78 |
| 泵用掺外加剂C20（二级配） | C20 | 32.5 | 327.42 | 0.549 | 0.794 | 0.172 | 0.61 | 193.43 |
| 掺外加剂C15（二级配） | C15 | 32.5 | 227.91 | 0.519 | 0.794 | 0.161 | 0.43 | 148.86 |
| 掺外加剂C25（三级配） | C25 | 42.5 | 224.70 | 0.392 | 0.951 | 0.134 | 0.42 | 165.60 |
| 掺外加剂C40（二级配） | C40 | 42.5 | 370.22 | 0.461 | 0.784 | 0.161 | 0.69 | 208.62 |

附件八　建筑工程单价

建筑工程项目较多，其单价不能一一计算，仅列坝基土方开挖、引水平洞石方洞挖、工程浆砌石、反滤料填筑等工程项目单价作为代表进行介绍。见表4-27～表4-31。

为计算方便，将用费率体现的各项费用的费率转化为以直接费为基础的综合费率或综合系数。

建筑工程单价 = 直接工程费 + 间接费 + 企业利润 + 税金

= 直接费 ×（1 + 综合费率）

土石方综合费率 = (1 + 2% + 9%) × (1 + 9%) × (1 + 7%) × (1 + 3.35%) − 1

= 33.80%。

同样，模板工程、混凝土浇筑工程、钻孔灌浆及锚固工程、其他建筑工程的综合费率分别为28.94%、27.73%、28.97%、28.97%。

**表 4-27 坝基土方开挖单价分析表**

定额编号:[10640]+[10641]内插　　定额单位:100m³ 自然方

施工方法:2m³ 挖掘机装Ⅲ类土,自卸汽车运 1.8km。

| 编号 | 名称及规格 | 单位 | 数量 | 单价(元) | 合价(元) |
|---|---|---|---|---|---|
| 1 | 直接费 | | | | 1 091.15 |
| (1) | 人工费 | 元 | | | 13.68 |
| | 初级工 | 工时 | 4.5 | 3.04 | 13.68 |
| (2) | 材料费 | 元 | | | 41.97 |
| | 零星材料费 | % | 4.00 | 1 049.18 | 41.97 |
| (3) | 机械使用费 | 元 | | | 1 035.50 |
| | 单斗挖掘机,液压反铲 2m³ | 台时 | 0.67 | 259.43 | 173.82 |
| | 推土机 59kW | 台时 | 0.33 | 78.12 | 25.78 |
| | 自卸汽车,柴油型,载重量 20t | 台时 | 4.39 | 190.41 | 835.90 |
| 2 | 综合费率 | % | 33.80 | 1 091.15 | 368.81 |
| | 合　计 | 元 | | | 1 459.96 |
| | 坝基土方开挖单价 | 元/m³ | | | 14.60 |

**表 4-28 3m³ 装载机装自卸汽车运石渣单价分析表**

定额编号:[20541]+[20536]　　定额单位:100m³

施工方法:3m³ 装载机装自卸汽车洞内运 0.5km,洞外增运 2km。

| 编号 | 名称及规格 | 单位 | 数量 | 单价(元) | 合价(元) |
|---|---|---|---|---|---|
| 1 | 直接费 | | | | 2 958.75 |
| (1) | 人工费 | 元 | | | 52.59 |
| | 初级工 | 工时 | 17.3 | 3.04 | 52.59 |
| (2) | 材料费 | 元 | | | 58.01 |
| | 零星材料费 | % | 2 | 2 900.74 | 58.01 |
| (3) | 机械使用费 | 元 | | | 2 848.15 |
| | 轮式装载机 3m³ | 台时 | 3.25 | 169.64 | 551.33 |
| | 推土机 103kW | 台时 | 1.63 | 145.89 | 237.80 |
| | 自卸汽车,柴油型,载重量 15t | 台时 | 14.43 | 142.69 | 2 059.02 |
| 2 | 综合费率 | % | 33.80 | 2 958.75 | 1 000.06 |
| | 合　计 | 元 | | | 3 958.81 |
| | 单　价 | 元/m³ | | | 39.59 |

**表 4-29　浆砌石单价分析表**

定额编号:[30029]　　定额单位:100m³ 砌体方

施工方法:浆砌块石平面护坡。

| 编号 | 名称及规格 | 单位 | 数量 | 单价(元) | 合价(元) |
|---|---|---|---|---|---|
| 1 | 直接费 | | | | 12 229.75 |
| (1) | 人工费 | 元 | | | 3 616.44 |
| | 工　长 | 工时 | 17.30 | 7.11 | 123.00 |
| | 中级工 | 工时 | 356.50 | 5.62 | 2 003.53 |
| | 初级工 | 工时 | 490.10 | 3.04 | 1 489.90 |
| (2) | 材料费 | 元 | | | 8 308.86 |
| | 块　石 | $m^3$ | 108.000 | 21.14 | 2 283.12 |
| | 砌筑砂浆 75# | $m^3$ | 35.300 | 169.53 | 5 984.41 |
| | 其他材料费 | % | 0.500 | 8 267.53 | 41.33 |
| (3) | 机械使用费 | 元 | | | 304.45 |
| | 砂浆搅拌机 0.4m³ | 台时 | 6.54 | 24.06 | 157.35 |
| | 胶轮车 | 台时 | 163.44 | 0.90 | 147.10 |
| 2 | 综合费率 | % | 33.80 | 12 229.75 | 4 133.66 |
| | 合　计 | 元 | | | 16 363.41 |
| | 浆砌石单价 | 元/$m^3$ | | | 163.63 |

**表 4-30　3m³ 装载机装自卸汽车运输反滤料单价分析表**

定额编号:[60335]　　定额单位:100m³ 成品堆方

施工方法:3m³ 装载机装反滤料,自卸汽车运 4.0km。

| 编号 | 名称及规格 | 单位 | 数量 | 单价(元) | 合价(元) |
|---|---|---|---|---|---|
| 1 | 直接费 | | | | 1 120.93 |
| (1) | 人工费 | 元 | | | 8.21 |
| | 初级工 | 工时 | 2.70 | 3.04 | 8.21 |
| (2) | 材料费 | 元 | | | 0.08 |
| | 零星材料费 | % | 1.00 | 8.21 | 0.08 |
| (3) | 机械使用费 | 元 | | | 1 112.64 |
| | 轮式装载机 3m³ | 台时 | 0.50 | 169.64 | 84.82 |
| | 推土机 88kW | 台时 | 0.25 | 127.53 | 31.88 |
| | 自卸汽车,柴油型,载重量 20t | 台时 | 4.91 | 202.84 | 995.94 |
| 2 | 综合费率 | % | 33.80 | 1 120.93 | 378.88 |
| | 合　计 | 元 | | | 1 499.81 |
| | 单　价 | 元/$m^3$ | | | 15.00 |

**表 4-31 反滤料填筑单价分析表**

定额编号:[30090] 定额单位:100m³ 实方

施工方法:振动碾压实。

| 编号 | 名称及规格 | 单位 | 数量 | 单价(元) | 合价(元) |
|---|---|---|---|---|---|
| 1 | 直接费 | | | | 5 968.00 |
| (1) | 人工费 | 元 | | | 63.23 |
| | 工　长 | 工时 | | 7.11 | 0.00 |
| | 高级工 | 工时 | | 6.61 | 0.00 |
| | 中级工 | 工时 | | 5.62 | 0.00 |
| | 初级工 | 工时 | 20.8 | 3.04 | 63.23 |
| (2) | 材料费 | 元 | | | 4 429.40 |
| | 混凝土骨料石 | $m^3$ | 77 | 38.42 | 2 958.34 |
| | 混凝土骨料砂 | $m^3$ | 40 | 35.68 | 1 427.20 |
| | 其他材料费 | % | 1 | 4 385.54 | 43.86 |
| (3) | 机械使用费 | 元 | | | 152.59 |
| | 振动碾,拖式,重量 14t | 台时 | 0.48 | 63.11 | 30.29 |
| | 拖拉机,履带式 74kW | 台时 | 0.48 | 96.62 | 46.38 |
| | 推土机 74kW | 台时 | 0.55 | 109.18 | 60.05 |
| | 蛙式夯实机 2.8kW | 台时 | 1.09 | 13.17 | 14.36 |
| | 其他机械使用费 | % | 1 | 151.08 | 1.51 |
| (4) | 砂石料运输(堆方) | | 118 | 11.21 | 1 322.78 |
| 2 | 综合费率 | % | 33.80 | 5 968.00 | 2 017.18 |
| | 合　计 | 元 | | | 7 985.18 |
| | 反滤料填筑单价 | 元/$m^3$ | | | 79.85 |

附件九　安装工程单价计算表

安装工程单价以实物量和费率形式表示。以实物量形式表示的安装工程单价的计算与建筑工程的单价计算相同,但安装工程的单价的现场经费和间接费计算基础是人工费。这里每种单价形式只介绍一种计算程序。竖轴混流式水轮机采用厂房的桥式起重机 700t 安装;计算机监控系统安装的费率基础为设备原价。见表 4-32、表 4-33。

**表 4-32 竖轴混流式水轮机安装单价分析表**

定额编号:[01023] 定额单位:台

施工方法:设备自重 700t。

| 编号 | 名称及规格 | 单位 | 数量 | 单价(元) | 合价(元) |
|---|---|---|---|---|---|
| 一 | 直接工程费 | | | | 975 314.00 |
| 1 | 直接费 | | | | 766 259.41 |
| (1) | 人工费 | 元 | | | 418 590.18 |
| | 工　长 | 工时 | 3 757 | 7.11 | 26 712.27 |
| | 高级工 | 工时 | 18 033 | 6.61 | 119 198.13 |

续表 4-32

| 编号 | 名称及规格 | 单位 | 数量 | 单价(元) | 合价(元) |
|---|---|---|---|---|---|
| | 中级工 | 工时 | 42 829 | 5.62 | 240 698.98 |
| | 初级工 | 工时 | 10 520 | 3.04 | 31 980.80 |
| (2) | 材料费 | 元 | | | 225 661.53 |
| | 普通钢板 | kg | 3 554 | 4.85 | 17 236.90 |
| | 型　钢 | kg | 13 338 | 3.96 | 52 818.48 |
| | 钢　管 | kg | 1 123 | 4.68 | 5 255.64 |
| | 铜　材 | kg | 209 | 21.4 | 4 472.60 |
| | 电焊条 | kg | 2 378 | 6.83 | 16 241.74 |
| | 氧　气 | $m^3$ | 3 064 | 3.6 | 11 030.40 |
| | 乙炔气 | $m^3$ | 1 322 | 16.33 | 21 588.26 |
| | 汽油 90# | kg | 1 187 | 5.66 | 6 718.42 |
| | 透平油 | kg | 135 | 5 | 675.00 |
| | 油　漆 | kg | 890 | 16.72 | 14 880.80 |
| | 木　材 | $m^3$ | 7.7 | 1 014.6 | 7 812.42 |
| | 电 | kWh | 29 800 | 0.83 | 24 734.00 |
| | 其他材料费 | % | 23 | 183 464.66 | 42 196.87 |
| (3) | 机械使用费 | 元 | | | 122 007.70 |
| | 桥式起重机 2×350/50t | 台时 | 758 | 56.08 | 42 508.64 |
| | 电焊机,交流 20~25kVA | 台时 | 2 097 | 12.35 | 25 897.95 |
| | 普通车床 $\phi$400~600 | 台时 | 387 | 29.24 | 11 315.88 |
| | 牛头刨床 | 台时 | 313 | 22.88 | 7 161.44 |
| | 摇臂钻床 $\phi$35~50 | 台时 | 425 | 19.25 | 8 181.25 |
| | 压力滤油机 150 型 | 台时 | 231 | 11 | 2 541.00 |
| | 其他机械使用费 | % | 25 | 97 606.16 | 24 401.54 |
| 2 | 其他直接费 | % | 2.7 | 766 259.411 8 | 20 689.00 |
| 3 | 现场经费 | % | 45 | 418 590.18 | 188 365.58 |
| 二 | 间接费 | % | 50 | 418 590.18 | 209 295.09 |
| 三 | 企业利润 | % | 7 | 1 184 609.087 | 82 922.64 |
| 四 | 税　金 | % | 3.35 | 1 267 531.723 | 42 462.31 |
| | 合　计 | 元 | | | 1 309 994.04 |

**表 4-33　计算机监控系统安装工程单价分析表**

定额编号:[06005]　定额单位:套

规格型号:计算机监控系统

| 编号 | 名称及规格 | 单位 | 数量 | 单价(元) | 合价(元) |
| --- | --- | --- | --- | --- | --- |
| 一 | 直接工程费 | | | | 537 435.00 |
| 1 | 直接费 | | | | 405 000.00 |
| (1) | 人工费 | % | 3 | 9 000 000 | 270 000.00 |
| (2) | 材料费 | % | 0.5 | 9 000 000 | 45 000.00 |
| (3) | 机械使用费 | % | 0.6 | 9 000 000 | 54 000.00 |
| (4) | 装置性材料费 | % | 0.4 | 9 000 000 | 36 000.00 |
| 2 | 其他直接费 | % | 2.7 | 405 000.00 | 10 935.00 |
| 3 | 现场经费 | % | 45 | 270 000.00 | 121 500.00 |
| 二 | 间接费 | % | 50 | 270 000.00 | 135 000.00 |
| 三 | 企业利润 | % | 7 | 672 435.00 | 47 070.45 |
| 四 | 税　金 | % | 3.35 | 719 505.45 | 24 103.43 |
| | 合　计 | | | | 743 608.88 |

附件十　主要设备运杂费费率计算

该电站水轮发电机组由东方电机厂供货,由火车运 1 400km 至 S 市,再由公路运 185km 至工地。主阀、桥机由太原起重机设备厂供货,主变压器由西安变压器厂供货。这里仅以水轮发电机组为例介绍运杂费费率的计算。

(1)运杂费费率:

铁路

$$2.21\% + 0.4\% \times (1\,400 - 1\,000) \div 500 = 2.53\%$$

公路

$$1.06\% + 0.1\% \times (185 - 50) \div 10 = 2.41\%$$

运杂费费率 $= 2.53\% + 2.41\% = 4.94\%$

(2)运输保险费:0.4%。

(3)采购及保管费:0.7%。

设备运杂综合费率 = 运杂费费率 + (1 + 运杂费费率) × 采购及保管费费率 + 运输保险费费率

$$= 4.94\% + (1 + 4.94\%) \times 0.7\% + 0.4\%$$

$$= 6.07\%$$

附件十一　施工临时工程的办公及生活、文化福利建筑投资

办公及生活、文化福利建筑投资按下式计算:

$$I = \frac{AUP}{NL} K_1 K_2 K_3$$

$=(75\ 223.09\times14\times500)\div(4.83\times100\ 000)\times1.1\times1.15\times0.55$

$=758.50$(万元)

式中　$U$——人均建筑面积综合指标,取 $14m^2$/人;

$P$——单位造价指标,参考工程所在地区的永久房屋造价指标(500 元/$m^2$)计算;

$N$——施工年限;

$L$——全员劳动生产率。

附件十二　独立费用计算

一、建设管理费

(一)项目建设管理费

1. 建设单位开办费

该工程为利用的水利枢纽工程,兼具防洪、发电、灌溉等功用,为Ⅰ等大(1)型工程。综合考虑各方面的因素,在计算建设单位开办费时,建设单位定员取 100 人,则建设单位开办费标准可取 550 万元。

2. 建设单位经常费

该工程所在地区和编制年的基本工资、辅助工资、工资附加费、劳动保护费以及费用标准与北京六类地区的相关费用指标相同,则费用指标为 39 390 元/(人·年)。

本工程总工期为 3 年 7 个月,筹建期 9 个月,则经常费用计算期 58 个月,即 4.83 年。

建设单位人员经常费 = 费用指标[元/(人·年)]×定员人数×经常费用计算期(年)

$=39\ 390\times100\times4.83$

$=1\ 902.54$(万元)

该工程为大(1)型水利枢纽工程,工程管理经常费取建设单位开办费与建设单位人员经常费之和的 40%。

工程管理经常费 $=(550+1\ 902.54)\times40\%=981.02$(万元)

(二)工程建设监理费

工程建设监理费按建筑安装工程投资合计的 1.5% 计算:

$75\ 981.59\times1.5\%=1\ 139.72$(万元)

(三)联合试运转费

电站安装 2 台单机容量为 500MW 的混流式水轮发电机组。联合试运转费为:

22 万元/台 ×2 台 =44(万元)

二、生产准备费

(一)生产及管理单位提前进厂费

生产及管理单位提前进厂费按建筑安装工程投资合计的 0.2% 计算:

$75\ 981.59\times0.2\%=151.96$(万元)

(二)生产职工培训费

生产职工培训费按建筑安装工程投资合计的 0.3% 计算:

$75\ 981.59\times0.3\%=227.94$(万元)

（三）管理用具购置费

管理用具购置费按建筑安装工程投资合计的 0.04% 计算：

75 981.59 × 0.04% = 30.39（万元）

（四）备品备件购置费

备品备件购置费按设备费的 0.4% 计算：

23 184.29 × 0.4% = 92.74（万元）

（五）工器具及生产家具购置费

工器具及生产家具购置费按设备费的 0.08% 计算：

40 628.95 × 0.08% = 32.50（万元）

三、科研勘测设计费

（一）工程科学研究试验费

工程科学研究试验费按建筑安装工程投资合计的 0.5% 计算：

75 981.59 × 0.5% = 379.91（万元）

（二）工程勘测设计费

该工程已签订工程勘测设计合同，暂按合同额计列 8 366.15 万元。

四、建设及施工场地征用费

其按照移民和环境部分概算编制规定执行，为 3 489.87 万元。

五、其他

（一）定额编制管理费

定额编制管理费按建筑安装工程投资合计的 0.05% 计算：

75 981.59 × 0.05% = 37.99（万元）

（二）工程质量监督费

工程质量监督费按建筑安装工程投资合计的 0.1% 计算：

75 981.59 × 0.1% = 75.98（万元）

（三）工程保险费

工程保险费按建筑安装工程投资合计的 0.45% 计算。

75 981.59 × 0.45% = 341.92（万元）

（四）其他税费

暂列 50 万元。

附件十三　分年度投资计算

分年度投资是根据施工组织设计确定的施工进度和合理工期而计算出的工程各年度预计完成的投资额。分年度投资的计算是一个比较复杂的过程，这里仅给出了分年度投资的计算结果，见表 4-34。

附件十四　预备费

一、基本预备费

根据该工程的具体情况，按建筑工程、机电设备及安装工程、金属结构设备及安装工程、施工临时工程、独立费用之和的 6% 计算。

134 505.17 × 6% = 8 070.31（万元）

表 4-34 分年度投资表 单位：万元

| 序号 | 项目名称 | 合计 | 建设工期(年) | | | | |
|---|---|---|---|---|---|---|---|
| | | | 1 | 2 | 3 | 4 | 5 |
| 1 | 第一部分：建筑工程 | 58 821.82 | 2 284.47 | 22 003.55 | 24 424.66 | 8 658.75 | 1 450.39 |
| 2 | 第二部分：机电设备及安装工程 | 36 470.38 | 0.00 | 4 990.29 | 23 288.04 | 6 017.23 | 2 174.82 |
| 3 | 第三部分：金属结构设备及安装工程 | 9 349.70 | 0.00 | 2 592.44 | 4 010.24 | 2 747.02 | 0.00 |
| 4 | 第四部分：临时工程 | 11 968.64 | 10 056.90 | 1 911.74 | 0.00 | 0.00 | 0.00 |
| 5 | 第五部分：独立费用 | 17 894.63 | 2 216.28 | 4 749.74 | 6 428.93 | 3 473.96 | 1 025.72 |
| 6 | 一至五部分合计 | 134 505.17 | 14 557.65 | 36 247.77 | 58 151.87 | 20 896.96 | 4 650.92 |
| 7 | 基本预备费 | 8 070.31 | 998.73 | 2 113.55 | 3 461.44 | 1 218.65 | 277.94 |
| 8 | 静态总投资 | 142 575.48 | 15 556.38 | 38 361.32 | 61 613.29 | 22 115.62 | 4 928.87 |
| 9 | 价差预备费 | 12 076.86 | 466.69 | 2 336.20 | 5 713.22 | 2 775.71 | 785.04 |
| 10 | 建设期融资利息 | 17 864.16 | 320.46 | 1 470.90 | 3 704.92 | 5 734.52 | 6 633.36 |
| 11 | 总投资 | 172 516.50 | 16 343.54 | 42 168.42 | 71 031.43 | 30 625.85 | 12 347.26 |

二、价差预备费

根据《关于加强对基本建设大中型项目概算中“价差预备费”管理有关问题的通知》(计投资[1999]1340 号)的精神，物价指数按 0 计。但为了说明问题，这里按年物价指数的 3% 加以说明。

计算前的说明：

(1)价差预备费的计算以资金流量的静态投资为计算基础，而资金流量涉及工程预付款的给付及扣回、保留金的扣留和偿还等。这里，仅在分年投资的基础上来计算价差预备费，即没有预付款的给付及扣回、保留金的扣留和偿还的资金流量，是一种特殊的资金流量形式。

(2)公式中的施工年度 $n$ 为概算编制完后即开工的第 $n$ 年。工程实践中，工程概算编制完后工程不一定立即开工建设，因而理论上讲，“$n$”应该是自概算编制完后至该项工程施工的年限。

第一年：$F_1 = 15\ 556.38$，$P = 3\%$，$n = 1$。

$E_1 = F_1 \times [(1+P) - 1] = 15\ 556.38 \times [(1+3\%) - 1] = 466.69$(万元)

第二年：$F_2 = 38\ 361.32$，$P = 3\%$，$n = 2$。

$E_2 = F_2 \times [(1+P)^2 - 1] = 38\ 361.32 \times [(1+3\%)^2 - 1] = 2\ 336.20$(万元)

第三年：$F_3 = 61\ 613.29$，$P = 3\%$，$n = 3$。

$E_3 = F_3 \times [(1+P)^3 - 1] = 61\ 613.29 \times [(1+3\%)^3 - 1] = 5\ 713.22$(万元)

第四年：$F_4 = 22\ 115.62$，$P = 3\%$，$n = 4$。

$E_4 = F_4 \times [(1+P)^4 - 1] = 22\ 115.62 \times [(1+3\%)^4 - 1] = 2\ 775.71$(万元)

第五年：$F_5 = 4\ 928.87$，$P = 3\%$，$n = 5$。

$E_5=F_5\times[(1+P)^5-1]=4\ 928.87\times[(1+3\%)^5-1]=785.04$(万元)

总的价差预备费 $E=E_1+E_2+E_3+E_4+E_5=12\ 076.86$(万元)

附件十五　建设期融资利息

该工程资本金为工程总投资的20%,即80%的投资需要贷款或通过其他渠道融资。对于固定资产投资,国家实行资本金制度,资本金由投资人或业主实缴,工程建设期间资本金不产生利息。资本金的使用有等额投入、等比例投入、优先投入等多种方式,这里按在整个建设工期内等比例投入考虑。

建设期融资利息应是以建设期资金流量为基础进行计算。为方便计算,现以分年度投资为基础计算。

工程建设期的贷款利率可能随时变化而各年不同,现以5%的规定利率计算。

工程总投资包括工程静态总投资、价差预备费、建设期利息。在实行资本金制度的情况下,该工程的资本金是工程总投资的20%,存在计算利息时循环计算的问题。为避免循环计算,在计算利息时,以当年的静态总投资、当年的价差预备费之和作为计算当年资本金的基础。

$$S=\sum_{n=1}^{N}\left[\left(\sum_{m=1}^{n}F_mb_m-\frac{1}{2}F_nb_n\right)+\sum_{m=0}^{n-1}S_m\right]i$$

各年融资利息计算如下:

第一年

$S_1=(16\ 023.07\times80\%-16\ 023.07\times80\%\div2)\times5\%=320.46$(万元)

第二年

$S_2=(40\ 697.53\times80\%-40\ 697.53\times80\%\div2+16\ 023.07\times80\%+320.46)\times5\%$
$=1\ 470.90$(万元)

第三年

$S_3=(67\ 326.51\times80\%-67\ 326.51\times80\%\div2+16\ 023.07\times80\%+40\ 697.53\times$
$80\%+320.46+1\ 470.90)\times5\%$
$=3\ 704.92$(万元)

第四年

$S_4=(24\ 891.32\times80\%-24\ 891.32\times80\%\div2+16\ 023.07\times80\%+$
$40\ 697.53\times80\%+67\ 326.51\times80\%+320.46+1\ 470.90+3\ 704.92)\times5\%$
$=5\ 734.52$(万元)

第五年

$S_5=(5\ 713.91\times80\%-5\ 713.91\times80\%\div2+16\ 023.07\times80\%+$
$40\ 697.53\times80\%+67\ 326.51\times80\%+24\ 891.32\times80\%+320.46+$
$1\ 470.90+3\ 704.92+5\ 734.52)\times5\%$
$=6\ 633.36$(万元)

$S=S_1+S_2+S_3+S_4+S_5$
$=320.46+1\ 470.90+3\ 704.92+5\ 734.52+6\ 633.36=17\ 864.16$(万元)

该工程建设期利息为17 864.16万元。

# 第二篇　水利工程清单报价编制实训

## 第五章　水利工程清单报价的编制

### 第一节　工程量清单编制

一、工程量清单概述

**(一)工程量清单的概念**

工程量清单是由建设工程招标人发出的,对招标工程的全部项目,按统一的项目编码、工程量计算规则、项目划分和计量单位计算出的工程数量列出的表格。

工程量清单可以由招标人自行编制,也可以由其委托有资质的招标代理机构或咨询单位编制。工程量清单是招标文件的组成部分。

**(二)工程量清单的作用**

工程量清单除了为潜在的投标人提供必要的信息外,还具有以下作用:

(1)为投标人提供一个公开、公平、公正的竞争环境。工程量清单由招标人统一提供,统一的工程量避免了由于计算不准确、项目不一致等人为因素造成的不公正影响,创造了一个公平的竞争环境。

(2)工程量清单是计价和询标、评标的基础。无论是标底的编制还是企业投标报价,都必须以工程量清单为基础进行。同样也为今后的招标、评标奠定了基础。

(3)为施工过程中支付工程进度款提供依据。根据相关合同条款,工程量清单为施工过程中的进度款支付提供了依据。

(4)为办理工程结算及工程索赔提供了重要依据。

(5)设有标底价格的招标工程,招标人利用工程量清单编制标底价格,供评标时参考。

**(三)工程量清单编制的准备工作**

1.资料的准备

开始工程量计算的工作之前,必须将相关资料准备齐全。资料包括常用的符号、数据、计算公式、一般通用及常用材料技术参数和基础参考资料等。

(1)基本计算手册。包括平面图形面积公式,多面体的体积和表面积公式,物料堆体的计算公式,壳体表面积、侧面积的公式,长度、面积、体积单位的换算。

(2)常用建筑材料的性质及数值。包括常用材料和构件的自重、液体平均密度和容量的换算。

(3)熟悉工程量计算的计算规则。

2. 图纸的准备

(1)全套的招标设计图纸。包括设计总说明、施工技术要求、合同条款、施工方案等。

(2)国家现行的标准图集。

(3)设计规范、施工验收规范、质量评定标准、安全操作规程。

3. 定额的准备

1)基础定额

基础定额是以分项工程表示的人工、材料、机械用量的消耗量标准,是按照正常的施工条件,大多数企业的技术条件、装备水平,按照合理的工期、施工工艺水平、一定的劳动组织条件编制的,反映了社会平均消耗水平。基础定额是统一全国建设工程的项目划分、计量单位、工程量计算规则的国家基础定额,是依据现行的国家标准、设计规范和施工验收规范、质量评定标准、安全操作规程编制的。建筑工程基础定额可以作为地区定额的基础,也可以作为企业编制本企业预算定额和投标报价的基础。

由于市场价格的地区性及经济条件、施工方法的不同,定额无法确定一个统一的、全国通行的市场价格。所以,基础定额给定的是人工、材料、机械的消耗量标准。各地区按照当地的人工、材料、机械的实际价格进行具体实施。基础定额的特点就是全国统一消耗量标准,统一定额的项目划分、计量单位、工程量计算规则。基础定额是国家定额,是各省市编制地方建设工程定额的依据。

2)预算定额

预算定额是在正常合理的施工条件下,完成一定计量单位的分项工程所必需的人工、材料、机械台班的消耗量标准。

预算定额是在全国基础定额的基础上,并根据正常的施工条件,国家颁发的施工及验收规范,质量评定标准和安全技术操作规程,施工现场文明安全施工及环境保护的要求,以及现行的标准图、通用图等为依据编制的。预算定额是依据本地区施工企业的装备水平、成熟的施工工艺、合理的劳动组织条件制定的,反映的是社会平均消耗水平。

预算定额的作用:编制施工图预算、进行工程招投标、签订建设工程承包合同、拨付工程款和办理工程竣工结算的依据;统一本地区建设工程预(结)算的依据;统一本地区建设工程预(结)算工程量计算规则、项目划分及计量单位的依据;完成规定计量单位分项工程计价所需的人工、材料、施工机械台班消耗量的标准;编制概算定额和估算指标的基础。

预算定额也是编制工程量清单报价的基础。在施工企业没有编制企业消耗定额的情况下,企业在执行工程量清单报价时,可执行预算定额的人工、材料、机械台班消耗量标准。以人工、材料、机械台班的市场价格或造价管理部门定期公布的材料价格,作为清单单价的重要组成部分。

3)企业定额

按照《水利工程工程量清单计价规范》(GB50501—2007)(简称《计价规范》)的术语

解释，企业定额的概念是施工企业根据本企业的施工技术和管理水平，以及有关工程造价资料制定的，并供本企业使用的人工、材料和机械台班消耗量。反映的是平均先进消耗水平，即每完成一个规定计量单位工程项目所消耗的人工、材料、机械台班消耗量少于预算定额的消耗水平。也就是说，企业定额要先进于预算定额，企业定额水平要先进于基础定额，即社会平均消耗量。

## 二、工程量清单编制的原则、依据和步骤

### (一)工程量清单编制的原则

(1)必须遵循市场经济活动的基本原则。即客观、公正、公平的原则。所谓客观、公正、公平的原则，就是要求工程量清单的编制要实事求是，不弄虚作假，招标要机会均等，一律公平地对待所有投标人。

(2)符合国家《计价规范》的原则。项目分项类别、分项名称、清单分项编码、计量单位、分类项目特征、工作内容等，都必须符合《计价规范》的规定和要求。

(3)符合工程量实物分项与描述准确的原则。工程量清单是对招标人和投标人都有很强约束力的重要文件，专业性强，内容复杂，对编制人的业务技术水平和能力要求高，能否编制出完整、严谨、准确的工程量清单，是招标成败的关键。工程量清单是传达招标人要求，便于投标人响应和完成招标工程实体、工程任务目标及相应分项工程数量，全面反映投标报价要求的直接依据。因此，招标人向投标人所提供的清单，必须与设计的施工图纸相符合，能充分体现设计意图，充分反映施工现场的现实施工条件，为投标人能够合理报价创造有利条件，贯彻互利互惠的原则。

(4)工作认真审慎的原则。应当认真学习《计价规范》、相关政策法规、工程量计算规则、施工图纸、工程地质与水文资料和相关的技术资料等。熟悉施工现场情况，注重现场施工条件分析。对初定的工程量清单的各个分项，按有关的规定进行认真核对、审核，避免错漏项、少算或多算工程数量等现象发生，对措施项目与其他措施工程量项目清单也应当认真反复核实，最大限度地减少人为因素的错误发生。重要的问题在于不留缺口，防止日后追加工程投资，增加工程造价。

### (二)工程量清单的编制依据

《计价规范》规定："分类分项工程量清单应根据本规范附录 A 和附录 B 规定的项目编码、项目名称、项目主要特征、计量单位、工程量计算规则、主要工作内容和一般适用范围进行编制。"即应严格按照《计价规范》编制。综合起来，工程量清单的编制依据有以下几点：

(1)招标设计文件及技术条款。

(2)有关的工程施工规范与工程验收规范。

(3)拟采用的施工组织设计和施工技术方案。

(4)相关的法律、法规及本地区相关的计价条例等。

### (三)工程量清单的编制步骤

工程量清单编制的内容，应包括分类分项工程量清单、措施项目清单、其他项目清单，且必须严格按照《计价规范》规定的计价规则和标准格式进行。在编制工程量清单时，应

根据规范和招标图纸及其他有关要求对清单项目进行准确详细的描述，以保证投标企业正确理解各清单项目的内容，合理报价。

工程量清单编制程序与步骤：

(1)收集熟悉有关资料文件。

(2)分析图纸，确定清单分项。

(3)按分项及计算规则计算清单工程量。

(4)编制分类分项工程量清单。

(5)编制措施项目清单和其他项目清单。

(6)按规范格式整理工程量清单。

## 三、工程量清单的内容

《计价规范》中对工程量清单的格式进行了统一规定，其内容有工程量清单封面、填表须知、总说明、分类分项工程量清单、措施项目清单、其他项目清单、零星工作项目清单和其他辅助表格。工程量清单的编写应由招标人完成，除以上规定的内容，招标人还可根据具体情况进行补充。工程量清单主要有分类分项工程量清单、措施项目清单、其他项目清单、零星工作项目清单四部分，其中分类分项工程量清单是核心。

### （一）工程量清单封面

招标人需在工程量清单封面上填写拟建的工程项目名称、招标人（招标单位）、法定代表人、中介机构法定代表人、造价工程师及注册证号、编制时间。

### （二）工程量清单填表须知

招标人在编写工程量清单表格时，必须按照规定的要求完成。具体规定有四条：

(1)工程量清单及其计价格式中所有要求签字、盖章的地方，必须由规定的单位和人员盖章、签字（其中法定代表人也可由其授权委托的代理人签字、盖章）。

(2)工程量清单及其计价格式中的任何内容不得随意删除或涂改。

(3)工程量清单计价格式中列明的所有需要填报的单价和合价，投标人均应填报，未填报的单价和合价，视为此项费用已包含在工程量清单的其他单价及合价中。

(4)投标金额（价格）均应以________币表示。

### （三）工程量清单总说明

工程量清单的总说明主要是招标人用于说明招标工程的工程概况、招标范围、工程量清单的编制依据、工程质量的要求、主要材料的价格来源等。

(1)工程概况是指建设规模、工程特征、计划工期、施工现场实际情况、交通运输情况、自然地理条件、环境保护要求等。

(2)工程招标和分包范围。

(3)工程量清单编制依据。

(4)工程质量、材料、施工等的特殊要求，即工程质量要求达到的标准，主要材料的材质等级标准、规格型号、价格要求及其他。

(5)招标人自行采购材料的名称、规格型号、数量等。

(6)预留金、自行采购材料的金额数量。

(7)其他需说明的问题。

**(四)分类分项工程量清单**

分类分项工程量清单包括项目编码、项目名称、计量单位、工程数量和主要技术条款编码五项内容。编制分类分项工程量清单,主要就是将设计图纸规定要实施完成的工程的全部对象、内容和任务等列成清单,列出分类分项工程的项目名称,计算出相应项目的有效自然(或实体)工程数量,制作完成工程量清单表。

分类分项工程量清单应根据《计价规范》附录A和附录B规定的统一项目编码、统一项目名称、统一计量单位、统一工程量计算规则进行编制。

(1)项目编码。项目编码用12位阿拉伯数字表示。前9位为全国统一编码,不得变动,后3位是清单项目名称编码,由清单编制人根据设计图纸的要求、拟建工程的实际情况和项目特征设置。各位编码的含义如下:

第1、2位编码"50"为水利工程分类的顺序码。

第3、4位编码为水利建筑工程和水利安装工程分类的顺序码,"01"为水利建筑工程、"02"为水利安装工程。

第5、6位编码为分类工程的顺序码,如"01"为土方开挖工程、"02"为石方开挖工程、"03"为土方填筑工程。

第7、8、9位编码为分类工程项目名称的顺序码,如"500101001"中的后3位"001"为场地平整。

第10、11、12位编码为具体清单项目名称的顺序码,由工程量清单编制人确定。

(2)项目名称。分类分项工程量清单的项目名称是以工程实体设置的,在编制工程量清单时,以《计价规范》附录中的项目名称为主,考虑到拟建工程项目的规格、型号、材质等特征要求的实际情况,可使其工程量清单的项目名称具体化,以便能够反映出影响实际工程造价的主要因素。

随着科学技术的发展,新材料、新技术、新的施工工艺将不断出现和应用。因此,凡附录中的缺项,在工程量清单编制时,编制人可作补充。补充项目应填写在工程量清单相应分类工程项目之后,并在"项目编码"栏中以"补"字表示。

(3)计量单位。工程数量的计量单位应按规定采用基本单位。

(4)工程数量。工程数量是工程量清单的核心内容。工程量计算是工程量清单编制中工作量最大的工作,需要细致、熟练,计算结果应当准确,能实事求是地反映工程实物的状态、内容和数量,以作为编制标底价格、投标报价等的基础依据。分类分项工程量计算的依据是设计图纸和统一的工程量计算规则。工程量计算规则是指对清单项目工程量的计算规定。除另有说明,所有清单项目的工程量应以有效实体工程量为准,并以完成后的净值计算,投标人在投标报价时,应在单价中考虑施工中的各种损耗和需要增加的工程量。

**(五)措施项目清单**

措施项目是指为了完成工程项目施工,发生于工程施工前和施工过程中的技术、生活、安全等方面的非工程实体的项目。在措施项目清单中将这些非工程实体的项目逐一列出。

在编制措施项目清单时，应考虑在工程施工前和施工过程中所将要发生的多种因素，除工程本身的因素，还要涉及水文、气象、环境、安全等因素和施工企业的实际情况。

"措施项目一览表"所列内容是各专业工程均可列出的措施项目，主要有环境保护、文明施工、安全防护、小型临时工程、施工企业进退场费、大型施工设备安拆费。

措施项目清单根据拟建工程的具体情况和设计要求列项编制，对《计价规范》中所列项目，可以根据工程的规模、涵盖的内容等具体实际情况，编制人可作增减。

**（六）其他项目清单**

其他项目清单只列预留金一项，招标人可根据招标工程具体情况进行补充。预留金是招标人为可能发生的工程变更而预留的金额。此处的工程变更主要是指工程量清单漏项、有误引起的工程量增加和施工中的设计变更引起标准提高或工程量增加等。

**（七）零星工作项目清单**

零星工作项目费是指完成招标人提出的、工程量暂估的零星工作所需的费用。零星工作项目一般不能以实物量计量。为了准确地计价，零星工作项目表应详细列出人工、材料、机械名称和相应数量。人工应按工种列项，材料和机械应按规格、型号列项。

## 四、工程量清单的格式

工程量清单的格式如表5-1～表5-7所示。

**表5-1　封　面**

＿＿＿＿＿＿＿＿＿＿工程

工程量清单

合同编号：（招标项目合同编号）

招　　标　　人：＿＿＿＿＿＿＿＿＿＿（单位盖章）
招　标　单　位
法　定　代　表　人
（或委托代理人）：＿＿＿＿＿＿＿＿＿＿（签字盖章）
中　介　机　构
法　定　代　表　人
（或委托代理人）：＿＿＿＿＿＿＿＿＿＿（签字盖章）
造　价　工　程　师
及　注　册　证　号：＿＿＿＿＿＿＿＿＿＿（签字盖执业专用章）
编　制　时　间：＿＿＿＿＿＿＿＿＿＿

**表 5-2　填表须知**

| |
|---|
| 1. 工程量清单及其计价格式中所有要求盖章、签字的地方，必须由规定的单位和人员盖章、签字（其中法定代表人也可由其授权的代理人签字、盖章）。<br>2. 工程量清单及其计价格式中的任何内容不得随意删除或涂改。<br>3. 工程量清单计价格式中列明的所有需要填报的单价和合价，投标人均应填报，未填报的单价和合价，视为此项费用已包含在工程量清单的其他单价和合价中。<br>4. 投标金额（价格）均应以______币表示。 |

**表 5-3　总说明**

合同编号：（招标项目合同编号）

工程名称：（招标项目名称）　　第　　页共　　页

| |
|---|
| |

**表 5-4　分类分项工程量清单**

合同编号：（招标项目合同编号）

工程名称：（招标项目名称）　　第　　页共　　页

| 序号 | 项目编码 | 项目名称 | 计量单位 | 工程数量 | 主要技术条款编码 | 备注 |
|---|---|---|---|---|---|---|
| 1 | | 一级××项目 | | | | |
| 1.1 | | 二级××项目 | | | | |
| 1.1.1 | | 三级××项目 | | | | |
| | | | | | | |
| | 50×××××××××× | 最末一级项目 | | | | |
| | | | | | | |
| 1.1.2 | | | | | | |
| | | | | | | |
| 2 | | 一级××项目 | | | | |
| 2.1 | | 二级××项目 | | | | |
| 2.1.1 | | 三级××项目 | | | | |
| | | | | | | |
| | 50×××××××××× | 最末一级项目 | | | | |
| 2.1.2 | | | | | | |
| | | | | | | |

**表 5-5　措施项目清单**

合同编号:(招标项目合同编号)

工程名称:(招标项目名称)　　第　页 共　页

| 序号 | 项目名称 | 备注 |
|---|---|---|
| 1 | 环境保护措施 | |
| 2 | 文明施工措施 | |
| 3 | 安全防护措施 | |
| 4 | 小型临时工程 | |
| 5 | 施工企业进退场费 | |
| 6 | 大型施工设备安拆费 | |
| | ⋮ | |

**表 5-6　其他项目清单**

合同编号:(招标项目合同编号)

工程名称:(招标项目名称)　　第　页 共　页

| 序号 | 项目名称 | 金额(元) | 备注 |
|---|---|---|---|
| | | | |
| | | | |
| | | | |
| | | | |

**表 5-7　零星工作项目清单**

合同编号:(招标项目合同编号)

工程名称:(招标项目名称)　　第　页 共　页

| 序号 | 名称 | 型号规格 | 计量单位 | 备注 |
|---|---|---|---|---|
| 1 | 人工 | | | |
| | | | | |
| | | | | |
| 2 | 材料 | | | |
| | | | | |
| | | | | |
| 3 | 机械 | | | |
| | | | | |
| | | | | |
| | | | | |

# 第二节　分类分项工程量清单计价的编制

## 一、工程量清单计价概述

### (一)工程量清单计价的概念

工程量清单计价是指在建设工程招标时由招标人计算出工程量,并作为招标文件内容提供给投标人,再由投标人根据招标人提供的工程量自主报价的一种计价行为。就投标单位而言,工程量清单计价可称为工程量清单报价。

### (二)工程量清单计价的特点

1. 满足竞争的需要

招标过程本身就是一个竞争的过程,招标人给出工程量清单,由投标人报价,报高了中不了标,报低了要赔本,这就体现出企业技术、管理水平的重要,形成企业整体实力的竞争。

2. 提供了一个平等的竞争条件

工程量清单计价模式由招标人提供工程量,为投标人提供了一个平等竞争的条件,投标人根据自身的实力来报不同的单价,符合商品交换的一般性原则。

3. 有利于工程款的拨付和工程造价的最终确定

投标人中标后,投标清单上的单价成了拨付工程款的依据。业主根据投标人完成的工程量,可以很容易地确定进度款的拨付额。工程竣工后,根据实际工程量乘以相应单价,业主很容易确定工程的最终造价。

4. 有利于实现风险的合理分担

采用工程量清单报价方式后,投标人只对自己所报的成本、单价等负责,而由业主承担工程量计算不准确的风险,这种格局符合风险合理分担与责、权、利关系对等的一般原则。

5. 有利于业主对投资的控制

工程量清单计价模式下,设计变更、工程量的增减对工程造价的影响容易确定,业主能根据投资情况来决定是否变更或进行方案比较,以确定最恰当的处理方法。

### (三)工程量清单计价的应用范围

1. 工程项目类型

《计价规范》是根据《中华人民共和国招标投标法》和现行国家标准《建设工程工程量清单计价规范》(GB50500—2003)制定的,适用水利枢纽工程、水力发电、引(调)水、供水、灌溉、河湖整治、堤防等新建、扩建、改建、加固工程的招标投标工程。我国水利工程大多数是使用国有资金投资或国有资金投资为主的大中型建设工程,在工程发承包和计价过程中往往存在着政府部门行政干预的可能。通过推行工程量清单计价,有利于公平竞争、合理使用资金。

工程量清单计价方式适用于实行招投标的项目。无论水利工程项目的招标主体和资金来源如何,都可以采用清单计价。随着我国水利工程建筑市场的成熟与完善,工程量清单计价将成为主要的计价模式。

2. 适应的工程项目阶段

使用工程量清单计价的阶段主要是招标文件编制、投标报价编制、合同价款确定、工程竣工结算等。当前主要用于工程的招投标活动中。

1) 工程招标阶段

招标人在工程方案、初步设计或部分施工图设计完成后,可以自行编制,也可以委托招标代理人编制工程量清单,作为招标文件的组成部分发放给投标人。在设置标底的情况下,可以根据工程量清单和有关要求、施工现场的实际情况、合理的施工方法以及按照建设行政主管部门制定的有关工程造价计价方法编制标底。

2) 工程投标报价阶段

投标单位接到招标文件后,根据工程量清单和有关要求、施工现场实际情况以及拟定的施工方案或施工组织设计、企业定额和市场价格信息,并参照建设行政主管部门发布的社会平均消耗量定额编制报价。

3. 实施工程量清单报价应遵循的原则

(1) 实行工程量清单计价招标投标的水利工程,其招标标底、投标报价的编制,合同价款的确定与调整,以及工程价款的结算,均应按《计价规范》执行。

(2) 工程量清单计价应包括按招标文件规定完成工程量清单所列项目的全部费用,包括分类分项工程费、措施项目费和其他项目费。

(3) 分类分项工程量清单计价应采用工程单价计价。

(4) 分类分项工程量清单的工程单价,应根据《计价规范》规定的工程单价组成内容,按招标设计文件、图纸、附录 A 和附录 B 中的"主要工作内容"确定。除另有规定,对有效工程量以外的超挖、超填工程量,施工附加量,加工、运输损耗量等,所消耗的人工、材料和机械费用,均应摊入相应有效工程量的工程单价之内。

(5) 招标工程如设标底,标底应根据招标文件中的工程量清单和有关要求、施工现场情况、合理的施工方案、工程单价组成内容、社会平均生产力水平,按市场价格进行编制。

(6) 投标报价应根据招标文件中的工程量清单和有关要求、施工现场情况,以及拟定的施工方案,依据企业定额,按市场价格进行编制。

(7) 工程量清单的合同结算工程量,除另有约定外,应按《计价规范》及合同文件约定的有效工程量进行计算。合同履行过程中需要变更工程单价时,按《计价规范》和合同约定的变更处理程序办理。

(8) 措施项目清单的金额,应根据招标文件的要求以及工程的施工方案,以每一项措施项目为单位,按项计价。

(9) 其他项目清单由招标人按估算金额确定。

(10) 零星工作项目清单的单价由投标人确定。

## 二、工程量清单计价格式

工程量清单计价应采用统一格式填写工程量清单报价表。工程量清单报价表应由下列内容组成:

(1)封面。

(2)投标总价表。

(3)工程项目总价表。

(4)分类分项工程量清单计价表。

(5)措施项目清单计价表。

(6)其他项目清单计价表。

(7)零星工作项目计价表。

(8)工程单价汇总表。

(9)工程单价费(税)率汇总表。

(10)投标人生产电、风、水、砂石基础单价汇总表。

(11)投标人生产混凝土配合比材料费表。

(12)招标人供应材料价格汇总表。

(13)投标人自行采购主要材料预算价格汇总表。

(14)招标人提供施工机械台时(班)费汇总表。

(15)投标人自备施工机械台时费汇总表。

(16)总价项目分类分项工程分解表(表式同分类分项工程量清单计价表)。

(17)工程单价计算表。

具体表格形式见案例表6-1～表6-18。

## 三、工程量清单报价表的填写要求

工程量清单报价表的填写应符合下列规定:

(1)工程量清单报价表的内容应由投标人填写。

(2)投标人不得随意增加、删除或涂改招标人提供的工程量清单中的任何内容。

(3)工程量清单报价表中所有要求盖章、签字的地方,必须由规定的单位和人员盖章、签字(其中法定代表人也可由其授权委托的代理人签字、盖章)。

(4)投标总价应按工程项目总价表合计金额填写。

(5)工程项目总价表填写。表中一级项目名称按招标人提供的招标项目工程量清单中的相应名称填写,并按分类分项工程量清单计价表中相应项目合计金额填写。

(6)分类分项工程量清单计价表填写。

①表中的序号、项目编码、项目名称、计量单位、工程数量、主要技术条款编码,按招标人提供的分类分项工程量清单中的相应内容填写。

②表中列明的所有需要填写的单价和合价,投标人均应填写,未填写的单价和合价,视为此项费用已包含在工程量清单的其他单价和合价中。

(7)措施项目清单计价表填写。表中的序号、项目名称,按招标人提供的措施项目清单中的相应内容填写,并填写相应措施项目的金额和合计金额。

(8)其他项目清单计价表填写。表中的序号、项目名称、金额,按招标人提供的其他项目清单中的相应内容填写。

(9)零星工作项目计价表填写。表中的序号,人工,材料,机械的名称、型号规格以及计量单位，按招标人提供的零星工作项目清单中的相应内容填写，并填写相应项目单价。

(10)辅助表格填写。

①工程单价汇总表，按工程单价计算表中的相应内容、价格(费率)填写。

②工程单价费(税)率汇总表，按工程单价计算表中的相应费(税)率填写。

③投标人生产电、风、水、砂石基础单价汇总表，按基础单价分析计算成果的相应内容、价格填写，并附相应基础单价的分析计算书。

④投标人生产混凝土配合比材料费表，按表中工程部位、混凝土和水泥强度等级、级配、水灰比、相应材料用量和单价填写，填写的单价必须与工程单价计算表中采用的相应混凝土材料单价一致。

⑤招标人供应材料价格汇总表，按招标人供应的材料名称、型号规格、计量单位和供应价填写，并填写经分析计算后的相应材料预算价格，填写的预算价格必须与工程单价计算表中采用的相应材料预算价格一致。

⑥投标人自行采购主要材料预算价格汇总表，按表中的序号，材料名称、型号规格、计量单位和预算价格填写，填写的预算价格必须与工程单价计算表中采用的相应材料预算价格一致。

⑦招标人提供施工机械台时(班)费汇总表，按招标人提供的机械名称、型号规格和招标人收取的台时(班)折旧费填写；投标人填写的台时(班)费用合计金额必须与工程单价计算表中相应的施工机械台时(班)费单价一致。

⑧投标人自备施工机械台时(班)费汇总表，按表中的序号，机械名称、型号规格，一类费用和二类费用填写，填写的台时(班)费合计金额必须与工程单价计算表中相应的施工机械台时(班)费单价一致。

⑨工程单价计算表，按表中的施工方法、序号、名称、型号规格、计量单位、数量、单价、合价填写，填写的人工、材料和机械等基础价格，必须与基础材料单价汇总表、主要材料预算价格汇总表及施工机械台时(班)费汇总表中单价相一致；填写的施工管理费、企业利润和税金等费(税)率必须与工程单价费(税)率汇总表中费(税)率相一致。凡投标金额小于投标总报价万分之五及以下的工程项目，投标人可不编报工程单价计算表。

(11)总价项目一般不再分设分类分项工程项目，若招标人要求投标人填写总价项目分类分项工程分解表，其表式同分类分项工程量清单计价表。

## 四、工程量清单计价的编制

### (一)工程量清单计价的费用构成

水利工程工程量清单计价的费用构成内容本质上符合建标[2003]206号文关于《建筑安装工程费用项目组成》的规定，但配合工程量清单的统一格式，计价内容分为如下几类费用。

1.分类分项工程费

分类分项工程费是指完成“分类分项工程量清单”项目所需的费用，包括人工费、材料费(消耗的材料费总和)、机械使用费、企业管理费、利润、税金以及风险费。

2. 措施项目费

措施项目费是指除分类分项工程费，为完成该工程项目施工必须采取的措施所需的费用，是“措施项目一览表”确定的工程措施项目金额的总和。具体措施项目包括环境保护费、文明施工费、安全施工费、临时设施费、大型机械设备进出场及安拆费等。以上措施项目费包括人工费、材料费、机械使用费、企业管理费、利润、税金以及风险费。

3. 其他项目费

其他项目费是指除分类分项工程费和措施项目费用，该工程项目施工中可能发生的其他费用。其他项目费包括招标人部分的预留金、材料购置费（仅指由招标人购置的材料费），投标人部分的总承包服务费、零星工作项目费的估算金额等。

**（二）工程量清单计价的程序**

工程量清单计价的基本过程如图 5-1 所示。从计价过程的示意图中可以看出，工程量清单计价过程可以分为两个阶段：工程量清单编制和工程量清单报价。

1. 工程量清单编制

在统一的工程量计算规则的基础上，制定工程量清单项目的设置规则，根据具体工程的施工图纸及合同条款计算出各个清单项目的工程量，并按统一格式完成工程量清单编制。

2. 工程量清单报价

依据工程量清单，国家、地区或行业的定额资料，市场信息，招标人或者招标委托人可以制定项目的标底价格，而投标单位则依据招标人提供的工程量清单、合同技术条款，根据企业定额和从各种渠道获得的工程造价信息及经验数据计算得到投标报价。

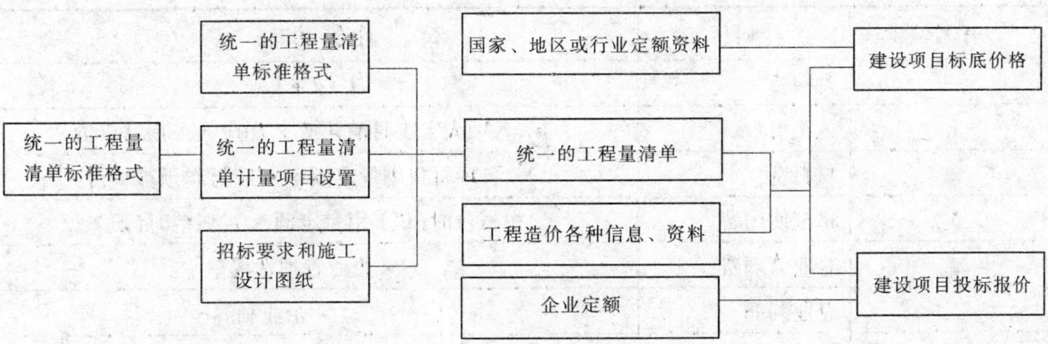


**图 5-1　工程量清单计价过程**

## 五、分类分项工程单价编制

**（一）分类分项工程单价组成**

《计价规范》规定，分类分项工程单价是完成工程量清单中一个质量合格的规定计量单位项目所需的直接费（包括人工费，材料费，机械使用费和季节、夜间、高原、风沙等原因增加的直接费）、施工管理费、企业利润和税金，并考虑风险因素。

分类分项工程单价是编制水电工程总投资的基础。它的准确程度直接影响到工程投资及工程项目的决策。

分类分项工程单价是指以价格形式表示的完成单位工程量(如 1.0$m^3$、1.0$m^2$、1 台、1 套、1.0t 等)所耗用的全部费用。包括直接费、施工管理费、企业利润和税金,并考虑风险因素。

分类分项工程单价由“量、价、费”三要素组成。量指完成单价工程量所需的人工、材料和施工机械台时(班)数量;价指人工预算单价、材料预算价格和机械台时(班)费等基础单价;费指按规定计入工程单价的施工管理费、企业利润和税金等。

人工、材料和机械台时(班)数量,需根据设计图纸及施工组织设计等资料,正确选用《水利建筑工程预算定额》或企业自行编制定额的相应子目的规定数量。

人工、材料预算单价和机械台时(班)费,根据人工工资标准及工程材料供应情况和机械台时(班)定额进行计算。

季节、夜间、高原、风沙等原因增加的直接费、施工管理费、企业利润和税金等,按有关规定及地方主管部门规定或企业自身的管理规定的取费标准进行计算。

**(二)分类分项工程单价编制步骤**

(1)了解工程概况,熟悉招标设计图纸,搜集基础资料,确定取费标准。

(2)根据工程特征和施工组织设计确定的施工条件、施工方法及施工机械配备情况,正确选用预算定额子目或企业定额子目。

(3)根据工程的相关基础单价(或市场询价)和有关费用标准计算直接费、企业管理费、企业利润和税金,并加以汇总得出分类分项工程单价。

分类分项工程单价计算程序见表 5-8。

**表 5-8　分类分项工程单价计算程序表**

| 序号 | 项目 | 计算方法 |
|---|---|---|
| 一 | 直接费 | 1+2+3 |
| 1 | 人工费 | $\sum$ 各项人工工时消耗量 × 相应人工预算单价 |
| 2 | 材料费 | $\sum$ 各种材料用量定额 × 相应材料预算单价 |
| 3 | 机械使用费 | $\sum$ 机械台时(班)用量定额 × 机械台时(班)费 |
| 二 | 企业管理费 | 一 × 企业管理费费率 |
| 三 | 企业利润 | (一 + 二) × 企业利润率 |
| 四 | 税金 | (一 + 二 + 三) × 计算税率 |
| 五 | 工程单价 | 一 + 二 + 三 + 四 |

**(三)分类分项工程单价计算**

1. 计算施工方案工程量

工程量清单计价模式下,招标人提供的分类分项工程量是按招标设计图示尺寸范围内的有效自然方体积计量的。在计算直接工程费时,必须考虑施工方案等各种影响因素,重新计算施工作业量,以施工过程中增加的超挖量与施工附加作业量之和为基数完成计价。施工方案不同,施工作业量的计算方法与计算结果也不相同。例如,某构筑物条形基础土方工程,业主根据基础施工图,按清单工程量计算规则,有效的自然方体积是以基础垫层底面积乘以挖土深度计算工程量，计算得到土方挖方总量为 300$m^3$，投标人根据分类分项工程量清单及地质资料，可采用两种施工方案进行，方案 1 的工作面宽度各边 0.20m、放坡系数为 0.35；方案 2 则是考虑到土质松散，采用挡土板支护开挖，工作面 0.3m。按预算定额计算工程量分别为：方案 1 的土方挖方总量 735$m^3$；方案 2 的土方挖方总量 480$m^3$。因此，同一工程，由于施工方案不同，工程造价各异。投标单位可根据工程条件选择能发挥自身技术优势的施工方案，力求降低工程造价，确立在投标中的竞争优势。同时，必须注意工程量清单计算规则是针对清单项目的主项的计算方法及计量单位进行确定的，对主项以外的工程内容的计算方法及计量单位不作规定，由投标人根据招标图及投标人的经验自行确定。最后综合处理形成分类分项工程量清单的工程单价。

2. 人、材、机数量测算

企业可以按反映企业水平的企业定额或参照政府消耗量定额确定人工、材料、机械台班的耗用量。

3. 市场调查和询价

根据工程项目的具体情况，考虑市场资源的供求状况，采用市场价格作为参考，考虑一定的调价系数，确定人工工资单价、材料预算价格和施工机械台班单价。

4. 计算清单项目分项工程的直接工程费单价

按确定的分项工程人工、材料和机械的消耗量及询价获得的人工工资单价、材料预算单价、施工机械台班单价，计算出对应分类工程单位数量的人工费、材料费和机械费。计算公式为：

$$\text{人工费} = \sum \text{人工工日数} \times \text{对应的人工工资单价}$$

$$\text{材料费} = \sum \text{材料消耗量} \times \text{对应的材料预算单价}$$

$$\text{机械费} = \sum \text{机械台时消耗量} \times \text{对应的机械台时单价}$$

$$\text{分类工程的直接工程费单价} = \sum (\text{人工费} + \text{材料费} + \text{机械费})$$

5. 计算工程单价

计算工程单价中的企业管理费、利润和税金时，可以根据每个分项工程的具体情况逐项估算。一般情况下，采用分摊法计算分项工程中的管理费、利润和税金，即先计算出工程的全部管理费、利润和税金，然后再分摊到工程量清单中的每个分项工程上。分摊计算时，投标人可以根据以往的经验确定一个适当的分摊系数来计算每个分项工程应分摊的企业管理费、利润和税金。

**【例 5-1】** 某构筑物基础土方工程，土的类别为三类土，条形基础，垫层宽度为 920mm，挖土深度为 1.8m，弃土运距 4km。根据水利工程工程量清单计算规则计算土方工程的工程量及单价。

**【解】**

(1)招标人根据招标图计算的清单量：

基础挖土截面面积为 $0.92\text{m} \times 1.8\text{m} = 1.656\text{m}^2$；

基础总长度为 1 590.6m；

土方挖方总量为2 634.034m³。

(2)投标人根据地质资料和施工方案计算的工程量:

①基础挖土截面面积为1.53m×1.8m=2.754m²(工作面宽度各边0.25m,放坡系数为0.2)。

②基础总长度为1 590.6m。

③土方挖方总量为4 380.512m³。

④采用人工挖土方量为4 380.512m³,根据施工方案除沟边堆土1 000m³,现场堆土2 170.5m³,运距60m,采用人工运输。余下1 210.012m³ 土方量运到场外,采用装载机装,自卸汽车运,运距4km。

(3)基础单价和费率见表5-9。

**表5-9 基础单价和费率表**

| 编号 | 名称及规格 | 单位 | 预算价格(元) | 编号 | 名称及规格 | 单位 | 预算价格(元) |
|---|---|---|---|---|---|---|---|
| 一 | 人工工资 | | | 三 | 施工机械台时费 | | |
| 1 | 工长 | 工时 | 6.54 | 1 | 装载机3m³ | 台时 | 470.63 |
| 2 | 高级工 | 工时 | 6.04 | 2 | 推土机88kW | 台时 | 107.53 |
| 3 | 中级工 | 工时 | 5.05 | 3 | 自卸汽车20t | 台时 | 167.51 |
| 4 | 初级工 | 工时 | 3.05 | 4 | 胶轮车 | 台时 | 0.9 |
| 二 | 电、风、水价格 | | | 四 | 取费费率 | | |
| 1 | 电 | kWh | 0.65 | 1 | 企业管理费 | % | 18.0 |
| 2 | 风 | m³ | 0.10 | 2 | 企业利润 | % | 7.0 |
| 3 | 水 | m³ | 1.0 | 3 | 税金 | % | 3.24 |

(4)人工挖土4 380.512m³,挖土方单价见表5-10。

**表5-10 人工挖土方单价表**

定额编号:10029 定额单位:100m³

施工方法:挖土、修底,将土倒运到槽边两侧0.5m以外。

| 编号 | 名称及规格 | 单位 | 数量 | 单价(元) | 合价(元) | 备注 |
|---|---|---|---|---|---|---|
| 一 | 直接费 | | | | 670 | |
| (1) | 人工费 | | | | 644 | |
| | 工 长 | 工时 | 4.1 | 6.54 | 27 | |
| | 初级工 | 工时 | 202.4 | 3.05 | 617 | |
| (2) | 材料费 | | | | 26 | |
| | 零星材料费 | 元 | 644 | 4% | 26 | |
| (3) | 机械使用费 | | | | 0 | |

(5)人工挖土人工运输2 170.5m³,运距60m,挖运土单价见表5-11。

表 5-11　人工挖土人工运输单价表

定额编号:10015　　　　定额单位:$100m^3$

施工方法:挖土、装车,将土倒运到槽边 60m 以外。

| 编号 | 名称及规格 | 单位 | 数量 | 单价(元) | 合价(元) | 备注 |
|---|---|---|---|---|---|---|
| 一 | 直接费 | | | | 738.68 | |
| (1) | 人工费 | | | | 652 | |
| | 工　长 | 工时 | 3.8 | 6.54 | 25 | |
| | 初级工 | 工时 | 205.5 | 3.05 | 627 | |
| (2) | 材料费 | | | | 28 | |
| | 零星材料费 | 元 | 710.68 | 4% | 28 | |
| (3) | 机械使用费 | | | | 58.68 | |
| | 胶轮车 | 台时 | 65.2 | 0.9 | 58.68 | |

(6)装载机装自卸汽车运土(4km) 1 210.012$m^3$,运土单价见表 5-12。

表 5-12　装载机装自卸汽车运土单价表

定额编号:10416　　　　定额单位:$100m^3$

施工方法:$3m^3$ 装载机装,20t 自卸汽车运输。

| 编号 | 名称及规格 | 单位 | 数量 | 单价(元) | 合价(元) | 备注 |
|---|---|---|---|---|---|---|
| 一 | 直接费 | | | | 1 403 | |
| (1) | 人工费 | | | | 11 | |
| | 初级工 | 工时 | 3.5 | 3.05 | 11 | |
| (2) | 材料费 | | | | 54 | |
| | 零星材料费 | 元 | 1 349 | 4% | 54 | |
| (3) | 机械使用费 | | | | 1 338 | |
| | 装载机 $3m^3$ | 台时 | 0.65 | 470.63 | 306 | |
| | 推土机 88kW | 台时 | 0.33 | 107.53 | 35 | |
| | 自卸汽车 20t | 台时 | 5.95 | 167.51 | 997 | |

(7)分类分项工程量清单工程单价计算表。

完成单位清单工程量所消耗的人工、机械、材料数量计算方法为:

工长工时 = (4.1 × 4 380.512 + 3.8 × 2 170.5 + 0 × 1 210.012) ÷ 2 634.034 = 9.95

初级工工时 = (202.4 × 4 380.512 + 205.5 × 2 170.5 + 3.5 × 1 210.012) ÷ 2 634.034 = 507.54

$3m^3$ 装载机台时 = 0.65 × 1 210.012 ÷ 2 634.034 = 0.3

88kW 推土机台时 = 0.33 × 1 210.012 ÷ 2 634.034 = 0.15

20t 自卸汽车台时 = 5.95 × 1 210.012 ÷ 2 634.034 = 2.73

胶轮车台时 =65.2×2 170.5÷2 634.034 =53.73

汇总后得出清单模式下的土方工程的工程单价计算表见表5-13。

**表5-13　工程单价计算表**

单价编号:500101004001　　土方开挖工程　　定额单位:$100m^3$

施工方法:采用人工挖土,沟边、现场堆土,弃土装载机装,自卸汽车运,运距4km。

| 编号 | 名称 | 型号规格 | 单位 | 数量 | 单价(元) | 合价(元) |
|---|---|---|---|---|---|---|
| 1 | 直接费 | | | | | 2 367.09 |
| 1.1 | 人工费 | | | | | 1 613.07 |
| | 工长 | | 工时 | 9.95 | 6.54 | 65.07 |
| | 初级工 | | 工时 | 507.54 | 3.05 | 1 547.997 |
| 1.2 | 材料费 | | | | | 91.04 |
| | 零星材料费 | | | 2 276.05 | 4% | 91.04 |
| 1.3 | 机械使用费 | | | | | 662.98 |
| | 装载机 | $3m^3$ | 台时 | 0.30 | 470.63 | 141.19 |
| | 推土机 | 88kW | 台时 | 0.15 | 107.53 | 16.13 |
| | 胶轮车 | | 台时 | 53.73 | 0.90 | 48.36 |
| | 自卸汽车 | 20t | 台时 | 2.73 | 167.51 | 457.3 |
| 2 | 施工管理费 | | | 2 367.09 | 18% | 426.08 |
| 3 | 企业利润 | | | 2 793.17 | 7% | 195.52 |
| 4 | 税金 | | | 2 988.69 | 3.24% | 96.83 |
| 合计 | | | | | | 3 085.52 |
| 单价 | | | 元/$m^3$ | | | 30.86 |

法定代表人(或委托代理人):(略)(签字)

# 第三节　措施项目清单计价的编制

## 一、措施项目概述

措施项目是指为了完成工程项目施工,发生于工程施工前和施工过程中招标人不要求列示工程量的施工措施项目,是发生于工程施工前和施工过程中的技术、生活、安全等方面的非工程实体的项目。在措施项目清单中将这些非工程实体的项目逐一列出。

在措施项目中,凡能列出工程数量并按单价结算的项目,均应列入分类分项工程量清单,在清单中计价。如混凝土、钢筋混凝土模板及支架,脚手架,施工排水、降水等项目。

措施项目清单按招标文件确定的措施项目名称填写。

其他项目清单是指分类分项工程清单和措施项目清单以外,该工程项目施工可能发生的其他费用。其他项目清单填写,按照招标文件确定的其他项目名称、金额填写。

## 二、措施项目费计算

措施项目清单的金额,应根据拟建工程的施工方案或施工组织设计,参照规范规定的综合单价组成来确定。措施项目清单中所列的措施项目均以“一项”提出,在计价时,首先应详细分析其所包括的全部工程内容,然后确定其综合单价。

计算措施项目综合单价的方法有费率法、参数法、实物量法和分包法。

### (一)费率法计价

费率法计价是指按国家或工程项目所在地的地方管理规定进行计算,国家及各省市在进行建设项目管理时,制定了建筑安装工程环境保护措施、文明施工措施、安全防护措施的取费标准和计算基数。如江苏省2006年规定,现场管理费中含文明工地及安全生产管理费0.2%~0.5%,工程规模大取小值,工程规模小取大值。

### (二)参数法计价

参数法计价是指按一定的基数乘系数的方法或自定义公式进行计算。这种方法简单明了,但最大的难点是公式的科学性、准确性难以把握。系数高低直接反映投标人的施工水平。这种方法主要适用于施工过程中必须发生,但在投标时很难具体分项预测,又无法单独列出项目内容的措施项目,如小型临时工程费、施工企业进退场费等,按此方法计价。

### (三)实物量法计价

实物量法计价就是根据需要消耗的实物工程量与实物单价计算措施费。比如,脚手架搭拆费可根据脚手架摊销量和脚手架价格及搭、拆、运输费计算,租赁费可按脚手架每日租金和搭设周期及搭、拆、运输费计算。

### (四)分包法计价

在分包价格的基础上增加投标人的管理费及风险费进行计价的方法,这种方法适合可以分包的独立项目。如大型机械设备进出场及安拆费的计算。

在对措施项目计价时,每一项费用都要求是综合单价,但是并非每个措施项目内人工费、材料费、机械费、管理费和利润都必须有。

## 三、其他项目费计算

由于工程建设标准的高低、工程复杂程度、工期的长短、工程的组成内容各不相同,且这些因素直接影响到其他项目清单中的具体内容,在施工前很难预料在施工过程中会发生什么变更。所以,招标人将这部分费用以其他项目费的形式列出,由投标人按规定组价,包括在总价内。

水利工程工程量清单计价规范中其他项目清单只列预留金一项,由招标人按估算金额确定。预留金部分是非竞争性项目,要求投标人按招标人提供的数量和金额列入报价,不允许投标人对价格进行调整。

预留金主要是考虑到可能发生的工程量变化和费用增加而预留的金额。预留金的计算应根据招标设计文件的深度、设计质量的高低、拟建工程的成熟程度及工程风险的性质来确定其额度。设计深度深、设计质量高、已经成熟的工程设计,一般预留工程总造价的

3%～5%。在初步设计阶段，工程设计不成熟的，最少要预留工程总造价的10%～15%作为预留金。预留金的支付与否、支付额度以及用途，都必须通过监理工程师的批准。

## 四、零星项目单价计算

零星工作项目清单，是招标人根据招标工程具体情况，对工程实施过程中可能发生的变更或新增加的零星项目，列出人工（按工种）、材料（按名称和型号规格）、机械（按名称和型号规格）的计量单位，由投标人计算人工、材料、机械单价，作为工程变更或新增加的零星项目工程费的计算依据，并随工程投标文件报送招标人。

人工单价按工程所在地的劳动力市场价格按工种分别报价，如木工、混凝土工、钢筋工等；材料单价应按零星工作项目所需的材料名称和型号规格按材料预算价格，并考虑一定的价格上涨因素；机械单价按所需机械设备名称和型号规格以企业定额计算台班单价，同时应考虑一定燃料价格的上涨因素。

# 第六章　某水利工程清单报价编制案例

工程量清单计价已广泛应用于工程招投标中,《计价规范》于2007年7月1日执行,水利工程招投标将按规范要求进行。

## 一、工程量清单报价的依据

(1)招标文件(包括工程量清单、招标图纸、标准与规范等)。反映建设工程项目的规模、内容、标准、功能等的工程技术文件是进行工程计价的重要依据,包括施工图纸、设计资料等相关资料。投标人在编制投标报价以前应该认真研究招标文件的有关要求,并对此做出实质性的响应,否则定为废标。

(2)施工组织设计或施工方案。

(3)招标会议记录。

(4)询价结果及已掌握的市场价格信息。按照工程所在地的市场价格信息编制投标报价,可以真实、准确地反映拟建工程的成本价,也体现了通过市场竞争来确定价格的原则。投标人应该注意进行人工、材料、施工机械台班询价及分包询价,搜集、熟悉要素市场的供求状况和价格动态,整理与应用市场价格信息。投标人也可利用各地区、各部门提供的市场价格信息。

(5)国家、地方政府管理部门有关价格计算的规定。按照国家、地方政府统一发布的计价办法编制投标价格,可以使各投标人提交的投标价格口径一致,各投标价格具有可比性。

(6)企业定额。企业定额是施工企业自主制定的用于本企业的分项工程实物消耗量标准,反映企业实际水平。按企业定额确定各分类分项工程的实物消耗量,体现施工企业以自身的实力参与竞争。投标人应该根据本企业的实际情况制定本企业的实物消耗量定额。如果施工企业尚未制定企业定额,也可参照建设行政主管部门制定的统一实物消耗量定额。

(7)风险管理规则、竞争态势的预测和盈利期望。

## 二、工程量清单报价的程序

### (一)复核或计算工程量

一般情况下,投标人必须按招标人提供的工程量清单进行组价,并按照综合单价的形式进行报价。但投标人在以招标人提供的工程量清单为依据来组价时,必须把施工方案及施工工艺造成的工程增量以价格的形式包括在综合单价内。工程量清单中的各分类分项工程量并不十分准确,若设计深度不够,则可能有较大的误差,而工程量的多少是选择施工方法、安排人力和机械、准备材料必须考虑的因素,自然也影响分类工程的单价,因此一定要对工程量进行复核。有经验的投标人在计算施工工程量时就对工程量清单中的工程量进行审核，以便确定招标人提供的工程量的准确度和采用不平衡报价方法。

另一方面，在实行工程量清单计价时，建设工程项目分为三部分进行计价：分类分项工程项目计价、措施项目计价及其他项目计价。招标人提供的工程量清单是分类分项工程项目清单中的工程量，但措施项目中的工程量及施工方案工程量招标人不提供，必须由投标人在投标时按设计文件、合同技术条款、施工组织设计、施工方案进行二次计算。投标人由于考虑不全面而造成低价中标亏损，招标人不予承担。因此，这部分用价格的形式分摊到报价内的量必须要认真计算和全面考虑。

**（二）确定单价，计算合价**

在投标报价中，复核或计算各个分类分项工程的工程量后，就需要确定每一个分类分项工程的单价，按照工程量清单报价的格式填写，并计算出合价。

按照工程量清单报价的要求，单价应是包含人工费、材料费、机械费、企业管理费、利润、税金及风险费的综合单价。人工、材料、机械费用应该是根据分类分项工程的人工、材料、机械消耗量及其相应的市场价格计算而得的。企业管理费是投标人进行组织工程施工的全部管理费用，与以往的计价方式相比，企业管理费可以参照现场经费和间接费费率确定，要能够反映自身企业管理水平。利润是投标人的预期利润，确定利润取值的目标是考虑既可以获得最大的可能利润，又要保证投标价格具有一定的竞争性。投标人应根据市场竞争情况确定在该工程上的利润率。风险费对投标人来说是个未知数。如果预计的风险没有全部发生，则可能预计的风险费有剩余，这部分剩余和利润加在一起就是盈余；如果风险费估计不足，则由利润来补贴。在投标时，应该根据工程规模及工程所在地的实际情况，由有经验的专业人员对可能的风险因素进行逐项分析后确定一个比较合理的费用比率。

一般来说，企业应建立自己的标准价格数据库，并据此计算工程的投标价格。在应用单价数据库针对某一具体工程进行投标报价时，需要对选用的单价进行审核评价与调整，使之符合拟投标工程的实际情况，反映市场价格的变化。

**（三）确定分包工程费**

来自分包人的工程分包费是投标价格的一个重要组成部分，有时总承包人投标价格中的相当部分来自于分包工程费。因此，在编制投标价格时需要有一个合适的价格来衡量分包人的价格，需要熟悉分包工程的范围，对分包人的能力进行评估。

**（四）确定投标价格**

将分类分项工程的合价、措施项目费等汇总后就可以得到工程的总价，但计算出来的工程总价还不能作为投标价格。因为计算出来的价格可能存在重复计算或漏算，也有可能某些费用的预估有偏差，因此需要对计算出来的工程总价做某些必要的调整。在对工程进行盈亏分析的基础上，找出计算中的问题并分析降低成本的措施，结合企业的投标策略，最后确定投标报价。

由于工程量清单报价是国际通行的报价方法，因此我国工程量清单报价的程序与国际工程报价的程序基本相同，报价程序详见图 6-1。

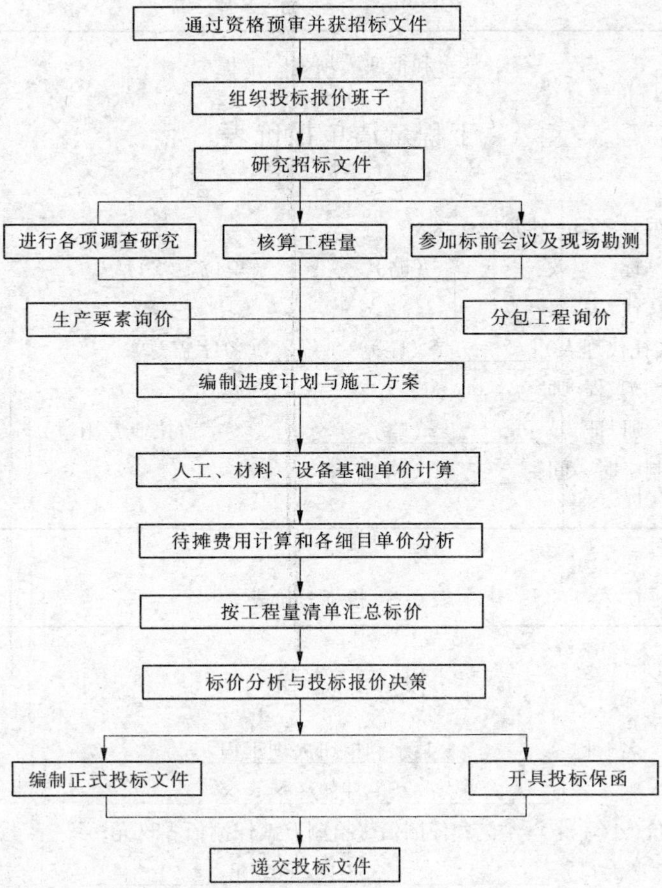


**图6-1 水利工程投标报价程序框图**

## 三、水利工程工程量清单报价案例

某水利枢纽是某水流域骨干防洪工程之一，工程开发的主要任务是防洪，兼顾发电、灌溉、航运等其他综合利用要求。水库总库容14.39亿$m^3$，防洪库容7.83亿$m^3$，正常蓄水位140m。枢纽由碾压混凝土重力坝、泄洪消能建筑物、坝后式电站厂房、灌溉渠首、斜面升船机(预留)等建筑物组成。其中河床段为碾压混凝土重力坝，大坝由表、底孔泄洪，消能方式为坝后宽尾墩加消力池消能。右岸挡水坝段布置坝后式电站厂房，左、右岸挡水坝段非溢流坝内各布置一个灌溉渠首。拦河大坝为碾压混凝土重力坝，坝轴线长351m，共分为18个坝段，坝顶高程148m，河床建基面高程60m，最大坝高88m。电站采用右岸坝后式厂房，输水线路采用一机一管的布置型式，由进水口、引水钢管、主厂房、尾水渠等组成，电站装机2×60MW。

现根据招标文件、招标代理机构的答疑文件、工程量清单计价规范、招标设计图、施工组织设计等有关规定进行报价。有关清单报价如表6-1～表6-18所示。

**表 6-1　封 面**

某水利枢纽大坝　工程

## 工程量清单报价表

合同编号：ZS－建筑－×××

投　标　人：　(略)　(单位盖章)

法定代表人

(或委托代理人)：　(略)　(签字盖章)

造价工程师

及注册证号：　(略)　(签字盖执业专用章)

编制时间：　(略)

**表 6-2　投标总价表**

## 投 标 总 价

工程名称：　某水利枢纽大坝工程

合同编号：　ZS－建筑－×××

投标总价(小写)：　叁亿叁仟捌佰壹拾捌万贰仟捌佰零玖元

(大写)：　338 182 809 元

投　标　人：　(略)　(单位盖章)

法定代表人

(或委托代理人)：　(略)　(签字盖章)

编制时间：　(略)

**表 6-3　工程项目总价表**

合同编号：ZS－建筑－×××

工程名称：某水利枢纽工程　　第　页 共　页

| 序号 | 工程项目名称 | 金额(元) |
|---|---|---|
| 1 | 建筑工程 | 277 797 146 |
| 1.1 | 施工导流和水流控制 | 21 120 072 |
| 1.2 | 土石方明挖 | 8 768 879 |
| 1.3 | 边坡支护 | 946 670 |
| 1.4 | 基础缺陷处理 | 2 670 411 |

续表 6-3

| 序号 | 工程项目名称 | 金额(元) |
|---|---|---|
| 1.5 | 钻孔、灌浆、排水工程 | 14 337 615 |
| 1.6 | 土石方填筑工程 | 216 076 |
| 1.7 | 混凝土工程 | 229 463 648 |
| 1.8 | 砌体工程 | 273 775 |
| 2 | 安装工程 | 15 415 134 |
| 2.1 | 机电设备安装工程 | 7 609 663 |
| 2.2 | 金属结构设备安装工程 | 7 805 471 |
| 3 | 措施项目 | 8 298 551 |
| 3.1 | 环保、安全、文明施工措施 | 182 410 |
| 3.2 | 临时工程 | 6 371 533 |
| 3.3 | 施工企业进退场费 | 1 744 608 |
| 4 | 其他项目 | 36 671 978 |
| 4.1 | 预留金 | 19 800 000 |
| 4.2 | 工程保险 | 1 433 856 |
| 4.3 | 备用金 | 15 000 000 |
| 4.4 | 招标代理服务费 | 438 122 |
|  | 合计 | 338 182 809 |

法定代表人（或委托代理人）：　（略）　签字

**表 6-4　分类分项工程量清单计价表**

合同编号:ZS－建筑－×××

工程名称:某水利枢纽工程　　第　页 共　页

| 序号 | 项目编码 | 项目名称 | 计量单位 | 工程数量 | 单价(元) | 合价(元) | 主要技术条款编码 |
|---|---|---|---|---|---|---|---|
| 1 |  | 建筑工程 |  |  |  | 277 797 146 |  |
| 1.1 |  | 施工导流和水流控制 |  |  |  | 21 120 072 |  |
| 1.1.1 |  | 开挖 |  |  |  | 196 118 |  |
| 1.1.1.1 |  | 上游围堰过水断面开挖 |  |  |  | 140 634 |  |
| 1.1.1.1.1 | 500101004001 | 抽槽开挖 | $m^3$ | 6 000 | 12.48 | 74 880 | 第 2.2.2 款 |
| 1.1.1.1.2 | 500101002001 | 覆盖层开挖 | $m^3$ | 7 800 | 8.46 | 65 988 | 第 2.2.2 款 |
| 1.1.1.1.3 | 500102007001 | 导流洞封堵岩石开挖 | $m^3$ | 650 | 85.36 | 55 484 | 第 2.4.2 款 |

续表 6-4

| 序号 | 项目编码 | 项目名称 | 计量单位 | 工程数量 | 单价（元） | 合价(元) | 主要技术条款编码 |
|---|---|---|---|---|---|---|---|
| 1.1.2 | | 填筑 | | | | 7 014 211 | |
| 1.1.2.1 | | 上游围堰过水断面填筑 | | | | 7 014 211 | |
| 1.1.2.1.1 | 500103008001 | 大块石 $D=0.7\sim1.0$m | $m^3$ | 29 000 | 24.18 | 701 220 | 第 7.7.3 款 |
| 1.1.2.1.2 | 500103009001 | 石渣料 | $m^3$ | 14 000 | 19.08 | 267 120 | 第 7.7.5 款 |
| | | (以下略) | | | | | |
| 1.1.3 | | 混凝土工程 | | | | 9 007 107 | |
| 1.1.3.1 | | 上游围堰混凝土工程 | | | | 7 908 600 | 第 8.4.5 款 |
| 1.1.3.1.1 | 500109001001 | 混凝土防冲板 C20 | $m^3$ | 32 000 | 243.39 | 7 788 480 | 第 8.3.2 款 |
| 1.1.3.1.2 | 500106001001 | 防冲板锚固筋单根长 4m | 根 | 2 600 | 46.20 | 120 120 | |
| 1.1.3.2 | | 导流洞封堵 | | | | 1 098 507 | |
| 1.1.3.2.1 | 500109001002 | C25 混凝土二级配 | $m^3$ | 4 000 | 264.18 | 1 056 720 | 第 8.4.3 款 |
| 1.1.3.2.3 | 500106001002 | $\phi$ 25 锚杆单根长 4m | 根 | 250 | 89.80 | 22 450 | 第 8.3.3 款 |
| 1.1.4 | | 防渗 | | | | 1 083 622 | |
| 1.1.4.1 | | 上游围堰过水部分防渗 | | | | 972 583 | |
| 1.1.4.1.2 | 500108003001 | 堰基高喷灌浆钻孔进尺旋喷孔距 60cm | m | 4 000 | 68.38 | 273 520 | 第 5.7.5 款 |
| 1.1.4.1.4 | 500108003002 | 左岸堰肩防渗钻孔进尺 | m | 2 500 | 111.55 | 278 875 | 第 5.7.6 款 |
| 1.1.4.2 | | 导流洞封堵灌浆 | | | | 69 938 | |
| 1.1.4.2.1 | 500107006001 | 固结灌浆 | m | 800 | 57.80 | 46 240 | 第 5.6.1 款 |
| 1.1.4.2.3 | 500107011001 | 接缝灌浆 | $m^2$ | 250 | 36.68 | 9 170 | 第 5.5.7 款 |
| 1.1.4.3 | | 左岸堰肩溶洞处理 | | | | 41 101 | |
| 1.1.4.3.1 | 500102011001 | 岩石开挖 | $m^3$ | 200 | 85.36 | 17 072 | 第 4.4.2 款 |
| 1.1.4.3.2 | 500109001003 | 混凝土回填 | $m^3$ | 100 | 218.52 | 21 852 | 第 8.4.5 款 |
| | | (以下略) | | | | | |

法定代表人(或委托代理人)：____(略)____ 签字

**表6-5　分类分项工程量清单计价表**

合同编号:ZS－建筑－×××

工程名称:某水利枢纽工程　　　　第　页共　页

| 序号 | 项目编码 | 项目名称 | 计量单位 | 数量 | 单价（元） | 合价（元） | 主要技术条款编码 |
|---|---|---|---|---|---|---|---|
| 1.2 | | 土石方明挖 | | | | | |
| 1.2.1 | | 大坝土石方明挖 | | | | 5 476 825 | |
| 1.2.1.1 | 500101002002 | 覆盖层明挖 | $m^3$ | 14 900 | 10.35 | 154 215 | 第3.6.1款 |
| 1.2.1.2 | 500102011002 | 石方明挖 | $m^3$ | 134 890 | 39.46 | 5 322 759 | 第4.3.3款 |
| | | (以下略) | | | | | |
| 1.4 | | 基础缺陷处理 | | | | 2 670 411 | |
| 1.4.1 | | 断层处理 | | | | 2 525 460 | |
| 1.4.1.1 | 500101004003 | 石方槽挖 | $m^3$ | 8 000 | 46.43 | 371 440 | 第8.4.3款 |
| 1.4.1.2 | 500109001004 | 回填混凝土(C20) | $m^3$ | 8 000 | 234.40 | 1 875 200 | 第8.4.6款 |
| 1.4.1.3 | 500111001002 | 钢筋(Ⅱ级) | t | 60 | 4 647.00 | 278 820 | 第8.3.2款 |
| | | (以下略) | | | | | |
| 1.7 | | 混凝土坝工程 | | | | 229 463 648 | |
| 1.7.1 | | 大坝混凝土 | | | | 203 354 908 | |
| 1.7.1.1 | 500109001005 | 基础垫层混凝土(C20W8F100) | $m^3$ | 25 900 | 252.08 | 6 528 872 | 第8.4.3款 |
| 1.7.1.2 | 500109001006 | 富胶防渗混凝土(C20W8F100) | $m^3$ | 80 590 | 204.23 | 16 458 896 | 第8.4.6款 |
| | | (以下略) | | | | | |
| 2 | | 安装工程 | | | | | |
| 2.1 | | 机电设备安装工程 | | | | 2 266 796 | |
| 2.1.1 | 500201017001 | 大坝供电和照明安装 | 项 | 1 | 540 518 | 540 518 | |
| 2.1.2 | 500201020001 | 接地系统 | t | 7 | 11 505 | 80 535 | |
| 2.1.3 | | 控制系统安装 | | | | | |
| 2.1.3.1 | 500201024001 | 表孔控制系统安装 | 套 | 5 | 5 486 | 27 430 | |
| 2.1.3.2 | 500201024002 | 底孔控制系统安装 | 套 | 4 | 5 486 | 21 944 | |
| | | (以下略) | | | | | |
| 2.2 | | 金属结构设备安装工程 | | | | 7 805 471 | |
| 2.2.1 | | 闸门及启闭机安装工程 | | | | | |
| 2.2.1.1 | | 一期埋件(包括插筋)制作、安装、采购 | | | | | |
| 2.2.1.1.1 | 500202007001 | 溢流底孔事故检修门一期插筋Φ20制作 | t | 12 | 4 040.00 | 48 480 | |
| 2.2.1.1.2 | 500202007002 | 溢流底孔弧形工作门一期埋件$\phi$60圆钢及型钢, | t | 16 | 4 893.00 | 78 288 | |
| | | (以下略) | | | | | |

法定代表人(或委托代理人):＿＿(略)＿＿签字

**表 6-6　措施项目清单计价表**

合同编号:ZS－建筑－×××
工程名称:某水利枢纽工程　　　　第　页 共　页

| 序号 | 项目名称 | 金额(元) |
|---|---|---|
| 1 | 环保、文明、安全措施 | 182 410 |
| 1.1 | 环境保护措施 | 19 720 |
| 1.2 | 文明施工措施 | 14 790 |
| 1.3 | 安全防护措施 | 147 900 |
| 2 | 临时工程 | 6 371 533 |
| 2.1 | 施工交通 | 2 001 125 |
| 2.1.1 | 场内施工临时道路和停车场修建 | 484 003 |
| 2.1.2 | 场内发包人指定道路的管理、维护 | 253 789 |
| 2.1.3 | 场内交通临时加固和加扩措施 | 1 263 333 |
| 2.2 | 施工供电 | 512 323 |
| 2.3 | 施工供水 | 208 638 |
| 2.4 | 混凝土系统 | 3 088 210 |
| 2.5 | 仓库和堆料场 | 105 670 |
| 2.6 | 临时房屋建筑和公用设施 | 34 632 |
| 3 | 施工企业进退场费 | 1 744 608 |
| 3.1 | 进场费 | 486 303 |
| 3.2 | 退场费 | 1 258 305 |
| 合计 | | 8 298 551 |

法定代表人(或委托代理人):＿＿(略)＿＿签字

**表 6-7　其他项目清单计价表**

合同编号:ZS－建筑－×××
工程名称:某水利枢纽工程　　　　第　页 共　页

| 序号 | 项目名称 | 金额(元) | 备注 |
|---|---|---|---|
| 1 | 暂定金 | 19 800 000 | |
| | 大坝安全监测工程 | 9 500 000 | |
| | 施工期安全监测工程 | 800 000 | |
| | 机电及金属结构设备安装工程 | 9 500 000 | |
| 2 | 工程保险 | 1 433 856 | |
| | 工程一切险 | 1 413 856 | |
| | 第三者责任险 | 20 000 | |
| 3 | 备用金 | 15 000 000 | |
| 4 | 招标代理服务费 | 438 122 | |

法定代表人（或委托代理人）:＿＿(略)＿＿签字

**表6-8　零星工作项目计价表**

合同编号:ZS－建筑－×××

工程名称:某水利枢纽工程　　　　第　　页　共　　页

| 序号 | 名称 | 型号规格 | 计量单位 | 单价(元) | 备注 |
|---|---|---|---|---|---|
| 1 | 人工 | | | | |
| 1) | 工长 | | 工时 | 8.63 | |
| 2) | 高级工 | | 工时 | 7.97 | |
| 3) | 中级工 | | 工时 | 6.67 | |
| 4) | 普工 | | 工时 | 4.03 | |
| 2 | 材料 | | | | |
| 1) | 混凝土150#(二级配) | C15 | $m^3$ | 156.57 | |
| 2) | 混凝土150#(三级配) | C15 | $m^3$ | 125.38 | |
| 3) | 混凝土200#(二级配) | C20 | $m^3$ | 179.24 | |
| 4) | 混凝土200#(三级配) | C20 | $m^3$ | 173.73 | |
| 5) | 混凝土250#(二级配) | C25 | $m^3$ | 187.46 | |
| 6) | 混凝土250#(三级配) | C25 | $m^3$ | 168.00 | |
| 7) | 混凝土300#(二级配) | C30 | $m^3$ | 192.87 | |
| 3 | 机械 | | | | |
| 1) | 单斗挖掘机 | 液4.0$m^3$ | 台时 | 621.23 | |
| 2) | 单斗挖掘机 | 液2.0$m^3$ | 台时 | 294.03 | |
| 3) | 推土机 | 59kW | 台时 | 82.01 | |
| 4) | 自卸汽车 | 15t | 台时 | 184.42 | |
| 5) | 载重汽车 | 5t | 台时 | 72.76 | |
| 6) | 汽车起重机 | 8t | 台时 | 109.14 | |
| 7) | 锚杆钻机 | MZ65Q | 台时 | 92.2 | |
| 8) | 地质钻机 | 300型 | 台时 | 53.57 | |
| 9) | 搅拌楼 | 2×4.5 | 台时 | 1 457.43 | |
| 10) | 混凝土泵 | 30$m^3$/h | 台时 | 108.08 | |
| 11) | 风(砂)水枪 | | 台时 | 32.99 | |
| 12) | 推土机 | 132kW | 台时 | 210.47 | |
| 13) | 推土机 | 74kW | 台时 | 115.14 | |
| 14) | 自卸汽车 | 20t | 台时 | 221.11 | |
| 15) | 液压履带钻机 | 孔径64～102mm | 台时 | 253.89 | |
| 16) | 潜孔钻 | 100型 | 台时 | 146.52 | |
| 17) | 混凝土喷射机 | 4～5$m^3$/h | 台时 | 101.68 | |
| 18) | 灰浆搅拌机 | | 台时 | 18.19 | |

法定代表人(或委托代理人):＿＿(略)＿＿签字

表 6-9　工程单价汇总表

合同编号:ZS－建筑－×××

工程名称:某水利枢纽工程　　　　第　页 共　页

| 序号 | 项目编码 | 项目名称 | 计量单位 | 人工费 | 材料费 | 机械使用费 | 施工管理费 | 企业利润 | 税金 | 合计 |
|---|---|---|---|---|---|---|---|---|---|---|
| 1 | | 建筑工程 | | | | | | | | |
| 1.1 | | 土方开挖工程 | | | | | | | | |
| 1.1.1 | 500101002001 | 覆盖层开挖 | $m^3$ | 0.08 | 0.25 | 6.15 | 1.17 | 0.54 | 0.27 | 8.45 |
| 1.1.2 | 500101002002 | 覆盖层明挖 | $m^3$ | 0.09 | 0.31 | 7.54 | 1.43 | 0.66 | 0.32 | 10.35 |
| 1.1.3 | 500101004001 | 抽槽开挖 | $m^3$ | 0.08 | 0.37 | 9.13 | 1.72 | 0.79 | 0.39 | 12.48 |
| 1.2 | | 石方开挖工程 | | | | | | | | |
| 1.2.1 | 500102007001 | 导流洞封堵岩石开挖 | $m^3$ | 24.91 | 15.06 | 25.51 | 11.79 | 5.41 | 2.68 | 85.35 |
| 1.2.2 | 500102011002 | 石方明挖 | $m^3$ | 2.46 | 11.82 | 15.99 | 5.45 | 2.50 | 1.24 | 39.46 |
| | | （略） | | | | | | | | |
| 2 | | 安装工程 | | | | | | | | |
| 2.1 | | 金属结构设备安装工程 | | | | | | | | |
| 2.1.1 | 500202007001 | 溢流底孔事故检修门一期插筋 | t | 254 | 2 728 | 226 | 449.12 | 256.00 | 126.79 | 4 040 |
| 2.1.2 | 500202005003 | 溢流表孔事故检修门体 | t | 575 | 134 | 216 | 287.5 | 84.88 | 42.03 | 1 339 |
| | | （略） | | | | | | | | |

法定代表人（或委托代理人）：____（略）____签字

### 表 6-10　工程单价费(税)率汇总表

合同编号:ZS－建筑－×××

工程名称:某水利枢纽工程　　第　页 共　页

| 序号 | 工程类别 | 工程单价费(税)率(%) | | | 备注 |
|---|---|---|---|---|---|
| | | 施工管理费 | 企业利润 | 税金 | |
| 一 | 建筑工程 | | | | |
| 1 | 土方 | 18.00 | 7.00 | 3.24 | |
| 2 | 石方 | 18.00 | 7.00 | 3.24 | |
| 3 | 混凝土 | 13.00 | 7.00 | 3.24 | |
| 4 | 钻孔灌浆及锚固 | 14.00 | 7.00 | 3.24 | |
| 5 | 其他 | 14.00 | 7.00 | 3.24 | |
| 6 | 砂石备料 | 8.00 | 7.00 | 3.24 | |
| | | | | | |
| 二 | 安装工程 | | | | |
| 1 | 机电设备安装工程 | 50.00 | 7.00 | 3.24 | |
| 2 | 金属结构设备安装工程 | 50.00 | 7.00 | 3.24 | |

法定代表人(或委托代理人):＿＿(略)＿＿签字

### 表 6-11　投标人生产电、风、水、砂石基础单价汇总表

合同编号:ZS－建筑－×××　　第　页 共　页

工程名称:某水利枢纽工程　　单位:元

| 序号 | 名称 | 型号规格 | 计量单位 | 人工费 | 材料费 | 机械使用费 | 合计 | 备注 |
|---|---|---|---|---|---|---|---|---|
| 1 | 电 | | kWh | | | | 0.62 | 外购电电价 |
| 2 | 风 | | $m^3$ | | | | 0.11 | |
| 3 | 水 | | $m^3$ | | | | 0.5 | |
| 4 | 人工砂 | | | | | | | |
| | 常态混凝土用砂 | | t | | | | 42.53 | 外购加运费 |
| | RCC 混凝土用砂 | | t | | | | 42.88 | 外购加运费 |
| 5 | 碎石 | 5～20mm | t | | | | 28.99 | 外购加运费 |
| 6 | 碎石 | 20～40mm | t | | | | 28.99 | 外购加运费 |
| 7 | 碎石 | 40～80mm | t | | | | 27.03 | 外购加运费 |

法定代表人(或委托代理人):＿＿(略)＿＿签字

**表 6-12　投标人生产混凝土配合比材料费表**

合同编号:ZS－建筑－×××

工程名称:某水利枢纽工程　　　　第　页共　页

| 序号 | 工程部位 | 混凝土强度等级 | 水泥强度等级 | 级配 | 水灰比 | 预算材料量($kg/m^3$) | | | | | | | 水($m^3$) | 单价(元/$m^3$) | 备注 |
|---|---|---|---|---|---|---|---|---|---|---|---|---|---|---|---|
| | | | | | | 水泥 | 粉煤灰 | 砂 | 石(kg) 5～20mm | 石(kg) 20～40mm | 石(kg) 40～80mm | 引气减水剂(kg) | | | |
| 1 | 层间水泥浆 | | 42.5 | | 0.52 | 1 170 | | | | | | | 0.608 | 304.5 | |
| 2 | C20W8F100 垫层 | C20 | 42.5 | 三 | 0.52 | 184 | 67 | 664 | 466 | 466 | 480 | 0.75 | 0.13 | 131.04 | |
| 3 | C20W8F100 富胶 | C20 | 42.5 | 二 | 0.53 | 87 | 107 | 780 | 624 | 763 | | 0.71 | 0.103 | 108.84 | |
| 4 | C20W8F100 变态 | C20 | 42.5 | 二 | 0.53 | 90.5 | 111 | 780 | 624 | 763 | | 0.71 | 0.107 | 110.43 | |
| 5 | C15W6F50 碾压 | C15 | 42.5 | 三 | 0.59 | 74 | 74 | 670 | 446 | 595 | 446 | | 0.088 | 97.95 | |
| 6 | C20W8F100 迎水常态 | C20 | 42.5 | 三 | 0.50 | 214 | 54 | 610 | 448 | 448 | 461 | 0.94 | 0.134 | 135.73 | |
| 7 | C25W6F100 常态 | C25 | 42.5 | 三 | 0.48 | 211 | 70 | 629 | 461 | 466 | 476 | 0.98 | 0.135 | 138.07 | |
| 8 | C35W6F100 抗冲 | C35 | 42.5 | 二 | 0.42 | 287 | 32 | 580 | 610 | 745 | | | 0.134 | 197.5 | |
| 9 | C25W6F100 常态 | C25 | 42.5 | 三 | 0.48 | 194 | 65 | 547 | 496 | 496 | 511 | 0.78 | 0.124 | 131.25 | |
| 10 | C30W6F100 外包 | C30 | 42.5 | 二 | 0.46 | 205 | 65 | 547 | 496 | 496 | 511 | 0.78 | 0.124 | 134.57 | |
| 11 | C35F100 预制 | C35 | 42.5 | 一、二 | 0.44 | 343 | | 678 | 1 387 | | | | 0.15 | 158.31 | |
| 12 | C25F100 预制 | C25 | 42.5 | 一、二 | 0.52 | 289 | | 733 | 1 382 | | | | 0.15 | 146.45 | |
| 13 | C30W6F100 二期 | C30 | 42.5 | 二 | 0.48 | 310 | | 699 | 1 389 | | | | 0.15 | 150.68 | |
| 14 | C20W6F100 路面 | C20 | 42.5 | | 0.57 | 261 | | 757 | 1 376 | | | | 0.15 | 140.03 | |
| 15 | C35F100 支座 | C35 | 42.5 | 一 | 0.44 | 389 | | 723 | 1 242 | | | | 0.17 | 167.99 | |
| 16 | C35 二期 | C35 | 42.5 | | 0.44 | 343 | | 678 | 1 387 | | | | 0.15 | 158.31 | |
| 17 | C15F100 廊道封堵 | C10 | 42.5 | | 0.62 | 201 | | 623 | 1 635 | | | | 0.125 | 126.22 | |

法定代表人(或委托代理人):　(略)　签字

**表 6-13　招标人供应材料价格汇总表**

合同编号:ZS－建筑－×××

工程名称:某水利枢纽工程　　　　第　页共　页

| 序号 | 材料名称 | 型号规格 | 计量单位 | 供应价(元) | 预算价(元) |
|---|---|---|---|---|---|
| 1 | 溢流底孔事故检修门体 | | t | | |
| 2 | 溢流底孔事故检修门二期埋件 | | t | | |
| 3 | 溢流底孔弧形工作门体 | | t | | |
| 4 | 溢流底孔弧形工作门二期埋件 | | t | | |
| 5 | 溢流表孔事故检修门体 | | t | | |
| 6 | 溢流表孔事故检修门二期埋件 | | t | | |
| 7 | 溢流表孔弧形工作门体 | | t | | |
| 8 | 溢流表孔弧形工作门二期埋件 | | t | | |
| | (略) | | | | |

**表 6-14　投标人自行采购主要材料预算价格汇总表**

合同编号:ZS－建筑－×××

工程名称:某水利枢纽工程　　　　第　页共　页

| 序号 | 材料名称 | 型号规格 | 计量单位 | 预算价(元) | 备注 |
|---|---|---|---|---|---|
| 1 | 圆钢 | | t | 2 631.00 | |
| 2 | 螺纹钢 | (20Mn) | t | 2 631.00 | |
| 3 | 钢板 | 16MnR $\delta=10$mm | t | 4 045.00 | |
| 4 | 钢板 | 16MnR $\delta=12$mm | t | 4 045.00 | |
| 5 | 钢板 | 16MnR $\delta=13$mm | t | 4 045.00 | |
| 6 | 水泥 | 32.5#普通硅酸盐水泥 | t | 209.00 | |
| 7 | 水泥 | 42.5#普通硅酸盐水泥 | t | 260.00 | |
| 8 | 水泥 | 42.5#中热水泥 | t | 302.07 | |
| 9 | 粉煤灰 | 粉煤灰(Ⅱ级) | t | 62.07 | |
| 10 | 天然砂 | 中粗 | $m^3$ | 42.94 | |
| 11 | 钢绞线 | | kg | 6.44 | |
| 12 | 板枋材 | | $m^3$ | 1 188.00 | |
| 13 | 圆木 | | $m^3$ | 627.00 | |
| 14 | 0#柴油 | 0#柴油 | kg | 3.06 | |
| 15 | 柴油(－10#) | 柴油(－10#) | kg | 3.26 | |
| 16 | 汽油 | | kg | 3.16 | |
| | | (略) | | | |

法定代表人(或委托代理人):＿＿(略)＿＿签字

**表 6-15　招标人提供施工机械台时(班)费汇总表**

合同编号:ZS－建筑－×××　　　　第　页 共　页

工程名称:某水利枢纽工程　　　　单位:元/台时(班)

| 序号 | 机械名称 | 型号规格 | 招标人收取的折旧费 | 投标人应计算的费用 | | | | | | 合计 |
|---|---|---|---|---|---|---|---|---|---|---|
| | | | | 维修费 | 安拆费 | 人工 | 柴油 | 电 | 小计 | |
| | 无 | | | | | | | | | |
| | | | | | | | | | | |
| | | | | | | | | | | |

**表 6-16　投标人自备施工机械台时费汇总表**

合同编号:ZS－建筑－×××　　　　第　页 共　页

工程名称:某水利枢纽工程　　　　单位:元/台时

| 序号 | 机械名称 | 型号规格 | 一类费用 | | | | 二类费用 | | | | | | | 三类费用 | 合计 |
|---|---|---|---|---|---|---|---|---|---|---|---|---|---|---|---|
| | | | 折旧费 | 维修费 | 安拆费 | 小计 | 人工 | 汽油 | 柴油 | 电 | 风 | 水 | 小计 | | |
| 1 | 挖掘机 | 单斗　液 $4.0m^3$ | 216.72 | 103.49 | | 320.21 | 13.64 | 0.00 | 136.78 | 0.00 | 0.00 | 0.00 | 150.42 | | 470.63 |
| 2 | 挖掘机 | 单斗　油 $1.0m^3$ | 28.77 | 29.63 | 2.42 | 60.82 | 13.64 | 0.00 | 43.45 | 0.00 | 0.00 | 0.00 | 57.09 | | 117.91 |
| 3 | 钢筋调直机 | 4～14kW | 1.60 | 2.69 | 0.44 | 4.73 | 6.57 | 0.00 | 0.00 | 4.46 | 0.00 | 0.00 | 11.03 | | 15.76 |
| 4 | 载重汽车 | 载重量 5.0t | 7.77 | 10.86 | | 18.63 | 6.57 | 22.75 | 0.00 | 0.00 | 0.00 | 0.00 | 29.32 | 7.17 | 55.12 |
| 5 | 自卸汽车 | 载重量 5.0t | 10.73 | 5.37 | | 16.10 | 6.57 | 0.00 | 27.84 | 0.00 | 0.00 | 0.00 | 34.41 | 7.17 | 57.68 |
| 6 | 自卸汽车 | 载重量 20t | 50.53 | 32.84 | | 83.37 | 6.57 | 49.57 | 0.00 | 0.00 | 0.00 | 0.00 | 56.14 | 28.00 | 167.51 |
| | | (略) | | | | | | | | | | | | | |

法定代表人(或委托代理人):＿＿(略)＿＿签字

**表 6-17　工程单价计算表**

单价编号:500101002001　　土方开挖工程　　定额单位:$100m^3$

施工方法:挖掘机挖装,自卸汽车运输。

| 编号 | 名称 | 型号规格 | 计量单位 | 数量 | 单价(元) | 合价(元) |
|---|---|---|---|---|---|---|
| 一 | 直接费 | | | | | 648 |
| 1 | 基本直接费 | | | | | 648 |
| (1) | 人工费 | | | | | 8 |
| | 工长 | | 工时 | | 6.54 | 0 |
| | 高级工 | | 工时 | | 6.04 | 0 |
| | 中级工 | | 工时 | | 5.05 | 0 |
| | 初级工 | | 工时 | 2.5 | 3.05 | 8 |
| (2) | 材料费 | | | | | 25 |
| | 零星材料费 | | 元 | 623 | 4% | 25 |
| (3) | 机械使用费 | | | | | 615 |
| | 挖掘机 | 液压　单斗 $4m^3$ | 台时 | 0.24 | 470.63 | 113 |
| | 推土机 | 功率 88kW | 台时 | 0.15 | 107.53 | 16 |
| | 自卸汽车 | 载重量 20t | 台时 | 2.9 | 167.51 | 486 |
| 二 | 企业管理费 | | 元 | 648 | 18.00% | 117 |
| 三 | 利润 | | 元 | 765 | 7.00% | 54 |
| 四 | 税金 | | 元 | 819 | 3.24% | 27 |
| 合计 | | | 元 | | | 846 |
| 单价 | | | 元 | | | 8.46 |

法定代表人(或委托代理人):＿＿(略)＿＿(签字)

**表 6-18 工程单价计算表**

单价编号:500101002002 土方开挖工程 定额单位:100m³

施工方法:挖掘机挖装,自卸汽车运输。

| 编号 | 名称 | 型号规格 | 计量单位 | 数量 | 单价(元) | 合价(元) |
|---|---|---|---|---|---|---|
| 一 | 直接费 | | | | | 794 |
| 1 | 基本直接费 | | | | | 794 |
| (1) | 人工费 | | | | | 9 |
| | 工长 | | 工时 | | 6.54 | 0 |
| | 高级工 | | 工时 | | 6.04 | 0 |
| | 中级工 | | 工时 | | 5.05 | 0 |
| | 初级工 | | 工时 | 2.8 | 3.05 | 9 |
| (2) | 材料费 | | | | | 31 |
| | 零星材料费 | | 元 | 763 | 4% | 31 |
| (3) | 机械使用费 | | | | | 754 |
| | 挖掘机 4m³ | 液压 单斗 4m³ | 台时 | 0.36 | 470.63 | 169 |
| | 推土机 88kW | 功率 88kW | 台时 | 0.18 | 107.53 | 19 |
| | 自卸汽车 20t | 载重量 20t | 台时 | 3.38 | 167.51 | 566 |
| 二 | 企业管理费 | | 元 | 794 | 18.00% | 143 |
| 三 | 利润 | | 元 | 937 | 7.00% | 66 |
| 四 | 税金 | | 元 | 1 003 | 3.24% | 32 |
| 合计 | | | 元 | | | 1 035 |
| 单价 | | | 元 | | | 10.35 |

法定代表人(或委托代理人):______(略)______(签字)

# 第三篇　水利工程造价电算

## 第七章　水利工程造价电算

### 第一节　工程造价计算机辅助系统

一、工程造价计算机辅助系统的概念

工程造价计算机辅助系统是将计算机技术运用到工程概预算编制与管理工作中的软件系统，是通过对造价所需要的各种数据进行存储、加工、分析、处理和维护，从而实现快速准确地编制工程概预算的计算机管理信息系统。

随着工程造价管理改革的不断深入，需要分析和计算的数据越来越多，应用现代信息技术辅助工程概预算与投标报价编制，已成为水利水电工程造价管理中重要和不可缺少的组成部分。现在，如果没有计算机辅助系统很难想象如何才能编制水利水电工程造价与投标报价。

二、应用计算机进行工程造价管理的优势

**(一)计算速度快，易于编制与修改**

计算机运算可节省工程造价编制时间，提高工程造价的编审效率，并可及时动态调整，适应市场的变化，改变概预算跟不上施工需要的局面。实践表明，电算化比手算可提高工效几倍甚至十几倍。

另外，投标报价的计算是一个非常复杂的工作，而且一个工程的报价并不是只做一次简单的计算就能够完成的。利用计算机对工程估价与报价数据进行分析、计算和核查，并以很快的速度更改参数和重新计算总造价，对投标人来说极为重要。

**(二)计算结果准确**

计算机运算的准确性，可大大提高编审工程概预算的质量。

工程造价涉及到各种经济数据，量大且面广，既用到材料预算价格、定额中的工料机消耗，又牵涉到各种取费文件、工程量计算规则等。人工方式进行编制和审核，发生差错的机会多，准确性难以保证，而造价软件的准确性一般是通过验证的，而用计算机程序进行处理，只要输入的原始数据准确无误，其他工作由计算机自动完成，从而保证了计算过程和计算结果的准确性。

**(三)生成数据齐全,打印结果标准规范**

计算机应用程序输出结果完整、齐全,为技术经济分析提供了重要数据。

计算机可以根据用户不同层次、不同程度的需要给出相应的帮助,提醒用户不要错项、漏项和缺项,保证项目的完整性。

计算机应用程序形成的工程造价文件是按照一定格式制作的,不仅统一而且规范。

商用软件或专门定制的软件包是按一定规范或专门要求制作的,其输出结果清晰、美观、标准。

**(四)能记录和保存数据,便于修改和对历史数据进行统计分析**

计算机可以快速方便地存取历史数据,通过对历史数据的处理分析可形成各种有价值的技术经济数据,为投标前和合同实施过程提供重要的依据。

工程概预算的工作性质决定了需要存储和使用大量的预算用数据,这些数据包括各种定额消耗量数据、材料价格数据、施工机械设备数据、分包商的数据、企业管理数据等,所有这些数据都必须按照一定的格式保存起来,并能在需要时及时地提取与刷新。

**(五)便于概预算数据的呈报与远程传送**

作为工程概预算的结果按照一定的格式输出报表也是不可缺少的。另外,由于工程造价要涉及到业主、招标代理、监理工程师、承包人等各个责任主体,运用现代信息技术,在各单位间高效能地传递概预算信息也非常重要。采用市面上销售的某些打印传真一体机,通过电话线就可实现计算机之间报表的远程传送,利用互联网更能方便地进行数据通信。并且网上招标与投标,网上报表传递等系统已在各地出现,是行业发展的方向。

因此,现代计算机信息技术不仅可大幅度地提高工程造价的工作效率,而且可使工程造价的结果更加准确、迅速和可靠。

## 三、工程概预算对计算机辅助系统的要求

计算机辅助系统若要满足工程造价的要求,就必须具备下面全部或其中大部分功能:

(1)用各种不同的方法计算工程量表中的分类工程单价。

(2)用计算出来的分类工程单价对工程量表中全部有关项目进行造价计算。

(3)增加和累加工程量表和分项工程的造价。

(4)提供各种综合报表和工程项目清单。

(5)存储各种资源及其需要使用的施工方法等信息的能力。

(6)存储正在研究中的合同所需要的劳动力和施工设备的综合预算价格表。

(7)存储各种材料预算价格和分包商价格,以及其他与合同有关的数据。

(8)存储工程造价中每个分类工程单价的详尽组成部分,并在必要时对这些数据进行修正、校核和重新处理的能力。

(9)帮助概预算人员与公司内外各单位交换信息。

(10)提高概预算人员的技能,增加他们对施工过程的了解。

(11)减少价格估算中可能出现的错误。

(12)快速分解工程量表的各个分类分项工程,并提出其详细组成部分。

(13)提出工程所需资源范围详细情况的综合报表。

(14)通过对全部概预算组成部分进行金额加减来实现总标价的快速调整。

(15)编制出可以报送业主的全部划定价格的工程量表。

(16)存储与管理各种企业定额数据。

## 第二节　不同类型的工程估价与报价软件系统

目前,辅助造价人员进行工程概预算与报价的计算机软件系统有三种:商用估价与报价软件;为企业定制开发的工程概预算与报价系统和运用Excel等功能强大的办公软件;由造价人员自己设计的软件辅助系统。

### 一、商用造价软件

商用造价软件在我国已非常普及,仅以前的预算编制软件就有数千种,专用于工程量清单计价的应用软件发展也非常迅速。

采用商业软件的好处是价格一般比较便宜,容易买到,买后马上就可使用,并且其功能及稳定性大多已经过验证。但也不可避免地存在一些缺点,如:

(1)可买的商业软件不一定完全满足用户的要求。

(2)用户不能根据需要对软件作出改动,开发商一般也不会为满足用户的特殊需求而修改软件,用户只能期望系统再次升级时把自己需要的功能写进去。

(3)商用软件很难与企业其他的管理软件实现数据的交换与共享。

(4)一旦供应商停止营业或服务,系统的使用便很难有保障。

尽管如此,多数企业还会选择合理的价格购买一套功能良好的商用造价与报价软件。软件的选择应考虑是否满足公司近期及长远的需要、使用是否方便、服务是否可靠等。对于支持工程概预算与报价的软件仅具有"套定额"、"取费"等简单的功能是不够的,更主要的是看软件能否根据实际灵活、准确地进行工程造价估算,协助用户做好报价的分析与调整。

### 二、定制开发的工程概预算与报价系统

由于可购买的商用软件不一定能较好地满足自身的要求,有一定实力的企业也可选择自己组织人员或委托有开发经验的软件开发公司专门设计开发一个新的、适合本企业使用的估价与报价系统。这种做法的优点是:

(1)由于专门为本公司概预算与报价人员开发,系统能包括他们所需要的各种功能。

(2)概预算与报价人员有机会参与系统的开发,软件的质量能够保证,并符合本公司的习惯。

(3)可在一个总体设计下与企业其他的管理信息系统一起开发,实现数据共享。

但是,专门定制开发也有一些缺点:①系统研发与维护的费用比现成商用软件要高得多;②系统的研发需要一定的周期,可能需要很长的时间才能投入使用;③如果需求不明确,得不到公司相关部门的大力支持,开发的软件可能很不实用,或者根本就不能使用。

专门进行的概预算与报价系统的开发应在对用户需求充分了解的情况下进行,开发

的过程一般分为系统分析、系统设计、系统实施与系统评价四个阶段。由于应用软件是一种知识密集的“逻辑产品”，规模大，复杂程度高，在投入使用之前，各个开发过程又处于一种非可视状态，既看不见也摸不着，因此较之其他物理产品而言，软件的开发和管理更难以控制和把握。因此，工程概预算与报价系统的开发一定要按照一种科学的开发过程，采用一系列正确的方法和技术，分阶段、按步骤、由抽象到具体逐步完成。这样才有利于达到系统的目标和要求。否则，急于求成，盲目建设，必将付出惨痛的代价，甚至以失败而告终，浪费大量的人力、物力与财力。

应当指出的是，再好的工程概预算与报价计算机软件，不管是商用软件还是定制开发的软件，也只能辅助而不能代替造价人员进行工程的概预算与报价。在这一过程中起决定作用的还是人的知识、经验与判断。软件能够提供的只是一个分析计算平台，高水平的造价人员加上功能完善的计算机辅助软件，才能实现准确、快速的工程估价和编制出有竞争力的工程报价。

### 三、利用 Excel 电子表格

利用微软推出的 Microsoft Excel 通用电子表格软件，也能实现工程概预算的计算与分析。Excel 的功能非常强大，它不仅能够对大量数据进行快速的计算和处理，而且还能按照所需要的形式对这些数据进行组织，如分类、筛选、排序、统计等，其方便的数据库管理功能则能存储、查询与调用大量的材料及定额数据，为预算与报价编制人员带来了极大的方便。

Excel 文档称为工作簿，工作簿由多个（默认 3 个）工作表组成，工作表又是由若干个行和列组成的网格。行和列分别有行号和列标，行号位于行的左侧，从上到下依次为 1、2、3、4、…；列标位于列的上方，从左到右依次为 A、B、C、D、…。某行和某列的相交处就是单元格，相应的行号和列标构成单元格的地址。例如，第三行第三列单元格的地址就表示为 C3。工作表最多可容纳 65 536 行 ×256 列数据。

有不少专业化施工企业，由于需要计算的项目数量少，通过熟练地运用 Excel 便可实现工程概预算灵活快速的计算，其做法是先把常发生的数据保存起来，需要时打开这些项目，经简单的修改和重新计算，就可完成报价编制，这些企业往往不需要购买专门的预算与报价编制管理软件。

## 第三节　水利水电工程工程量清单计价系统

### 一、系统简介

水利水电工程工程量清单计价系统是北京峡光公司依据其多年水利水电工程造价咨询及相关的工作经验，并结合 2007 年 7 月 1 日国家颁布的《水利工程工程量清单计价规范》（GB50501—2007）自主研发的一款针对水利水电工程造价的行业性软件。

该系统结合一线用户的需求，实现了功能丰富、灵活，操作简捷，单机、联网作业等功能特点。软件适用于水利水电行政各级主管部门以及水利水电设计、建设、施工、监理单位、招标代理机构及造价咨询等单位，在设计建设各个阶段编制投资控制管理文件。

## 二、系统的主要功能

### (一)支持联网多用户共同作业及单机作业

该系统采用CS(客户端—服务器)的模式开发，支持多用户对同一工程数据以数据共享的方式进行联合作业，也支持用户单机作业，同时支持任意数据服务器指定，可以实现方便的移动办公。

### (二)支持多套定额交叉引用、调整、换算

该系统支持多套国家及地方颁布的定额，支持用户补充定额。对于多套定额中用到的人工、材料、机械等数据项目，由造价专家进行了统一。在套用定额时，可方便多种定额交叉引用，造价工程师可以方便快速地引用定额，而无需考虑不同定额间人工、材料、机械数据项目间规格、型号、计量单位等存在的差异。支持多套定额主辅有序，可以对定额引用的优先顺序自由指定，以区分主要定额及辅助定额。支持用户根据工程实际，可通过人工、材料、机械系数调整、构成数量调整、取费类别调整、构成增减、构成替换等多种调整方式对定额进行调整。

### (三)支持价区功能

水利水电工程投资大、规模大，在工程建设过程中很容易有跨行政区域或工程施工覆盖面内价格水平不同的情况出现，于是本系统内引入了“价区(价格区域)”的概念。不同的价格区域在本系统中可以定义为不同的“价区”。人工、材料在不同的价区内可以有不同的价格，也可以多个价区共享同一价格；施工机械在某价格区域内作业时使用该价区的人工、材料，得到该价格区域内施工台班费用；工程单价对价区的支持为：一个工程单价对应一个价区，引用该价区内的人材机，对于多价格区域某工程单价结构相同的情况，可以建立共享组成的链接单价，这样可以实现工程单价组成相同，不同价格区域内价格不同。

### (四)支持灵活定制工程单价的取费方法

在工程造价过程中，会出现一些有特殊要求的工程单价取费计算方式，为满足这一需求，本系统实现了工程单价取费方法的灵活定制功能，并实现了检测公式拼写及循环引用等常规错误。通过该功能，还可以定制工程单价的输出形式。

### (五)支持灵活定制电、风、水、砂石料、混凝土等材料的单价构成

用户可以通过编辑公式、添加引用等方式进行灵活定制电、风、水、砂石料、混凝土等材料的单价构成，系统实现了对用户编辑的公式进行智能分析，检测循环引用及对这些材料最深层次的分解，该过程将自动完成而无需用户手工计算分解系数。

### (六)支持工程量清单内循环引用，支持指定计算精度的递归计算

用户可以通过编辑公式的方式对清单内各项目间进行循环引用，系统根据用户指定的计算精度和最大计算次数进行递归计算，用户通过该功能可以轻松完成一些有特殊要求的计算。

### (七)支持界面数据显示精度及计算精度的自由控制

系统对所有的数据显示及计算都可以进行小数位数的精度控制。系统将数据分为人工材料、材料构成、机械、机械构成、工程单价、工程单价构成、工程量清单等几个不同单

元，各单元独立控制，用户可以根据工程的不同需求进行灵活定制。计算结果可以实现最大 15 位小数精度。

**（八）支持深层次的工料分析**

系统实现了对工程量清单、工程单价、机械、材料等各级计算构成进行分解统计，对用户编辑的计算公式进行智能分析，可以根据用户的定制，实现中间任意层及最深层次的分解统计，可以满足各种工程对于工料机统计的需求。

**（九）支持灵活的数据查询**

系统实现了字符查询、汉语拼音首字母查询等两种查询方式以及两种查询方式的模糊查询。该功能可以让用户能够快速准确的定位数据，提高工作效率。

**（十）支持自由定制的报表功能**

系统的数据报表完全自由定制，包括输出数据源、数据源间的关系、数据报表格式等自由定制；支持 Excel 的格式设定操作。除了系统默认的标准报表的基础模板，用户可以根据需要新建模板，或定制、修改基础模板，以满足各种特殊报表的需求。

三、系统的应用

**（一）系统界面**

系统的主程序窗口如图 7-1 所示，主程序窗口主要由菜单栏、工具栏、数据区、资源面板、信息面板及状态栏组成。

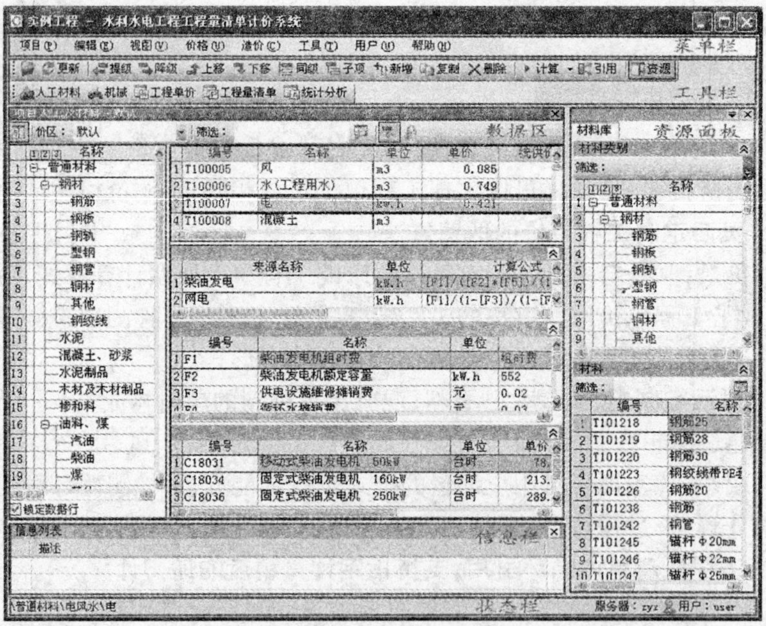


**图 7-1　主程序窗口**

**（二）基础价格**

1. 人工材料

点击主窗口菜单【价格\人工及材料】或主窗口工具栏上【人工材料】按钮，打开“人工材料”编辑面板，如图 7-2 所示。面板由“人工及材料类别”、“人工及材料单价”列表及“构成”编辑区等三个区域组成。可以进行人工、材料分类定义，编辑人工及材料类别表，增加、删除人工和材料，更改人工、材料类别。

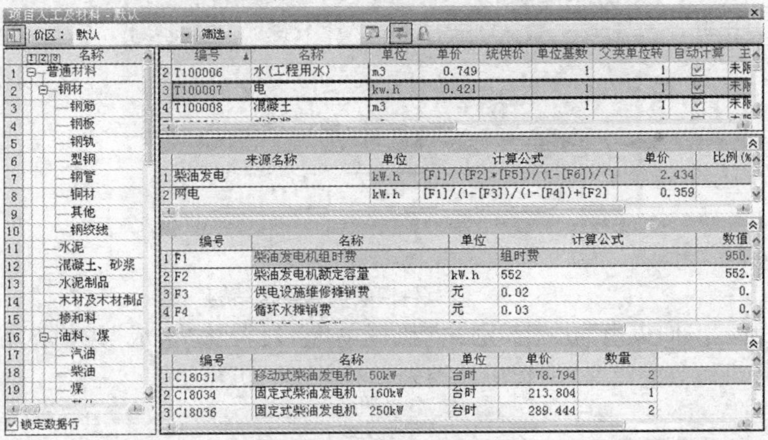


图 7-2　**人工材料编辑面板**

2. 电、风、水构成模板

计算工程施工用电、风、水价时，根据工程需要，可以直接输入综合价格，也可以按一定的计算规则计算出电、风、水的价格。如果采用计算价格，在相应材料的“构成模板”字段内选择“电、风、水”构成模板，同时将“自动计算”字段设定为真。

电、风、水构成模板体系结构如图 7-3 所示。

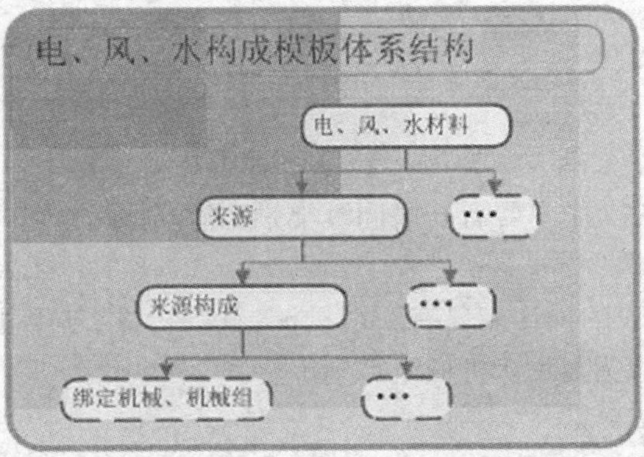


图 7-3　**电、风、水构成模板体系结构**

3. 砂石料构成模板

对于工程中使用的砂石料，根据工程需要，可以直接输入综合价格。若砂石料由承包商自行采备时，砂石料单价根据料源情况、开采条件和工艺流程计算。如果采用计算价格，在相应材料的“构成模板”字段内选择“砂石料”构成模板，同时将“自动计算”设定为真。选择该种材料，在材料表下方显示出“砂石料”构成模板的编辑面板。

砂石料构成模板体系结构如图 7-4 所示。

4. 施工机械

点击主窗口菜单【价格\机械】或主窗口工具栏上【机械】按钮，打开“机械”编辑面

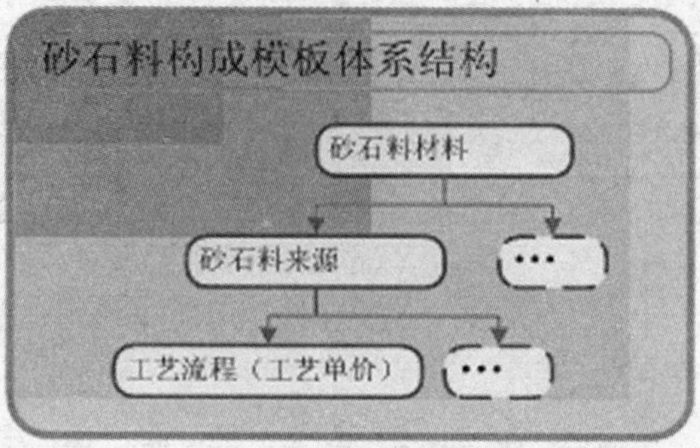


图 7-4　砂石料构成模板体系结构

板，如图 7-5 所示。面板由“机械类别”、“机械单价”列表及“构成”编辑区等三个区域组成。可以进行机械分类定义，编辑机械类别，编辑机械、机械组表。

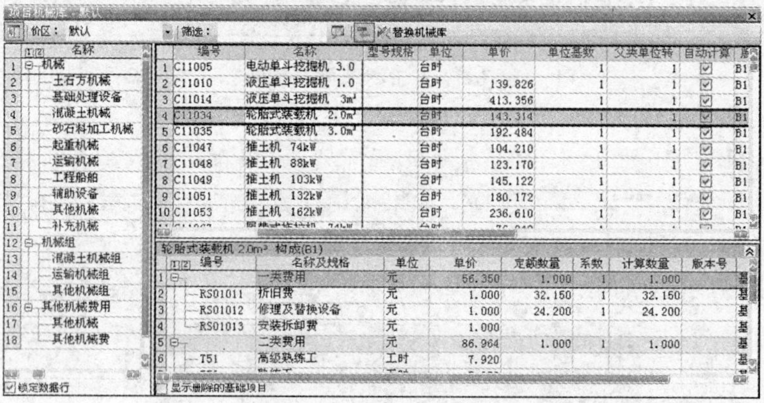

图 7-5　施工机械编辑面板

编辑机械类别表的操作主要有新增同级类别、新增子级类别、改变分类级别、删除类别节点、改变节点相对位置等。

编辑机械、机械组表的操作主要有新增机械、删除机械、新增机械版本、新增机械组、删除机械组、改变机械类别、改变机械组类别等。

### （三）工程单价

1. 取费方法及费率

点击主窗口菜单【造价\计算方法及费率】，打开工程单价取费管理面板，见图 7-6。

面板由上下两部分组成，上部为取费方法列表，分为五种类型：“水利工程\建筑工程”、“水利工程\安装工程”、“水电工程\建筑工程”、“水电工程\安装工程”和“其他\无取费项目”。下部包含三个选项卡：取费方法设定、费率数值设定、费率类别管理。

每种取费类型对应不同的取费计算方法，系统根据水利水电工程各相关规定，默认设定了相对应的取费方法，一般不需要用户进行修改。如果取费方法内的明细内容不能满足工程需要，用户可以对表内的文字、明细结构、计算方法等进行调整。

取费方法表中各明细数据项都必须定义一种数据类型，除子项集合、人工（集合）、材料（集合）、机械（集合）、未计价装置性材料（集合）、子单价（集合）、其他费用（集合）等类

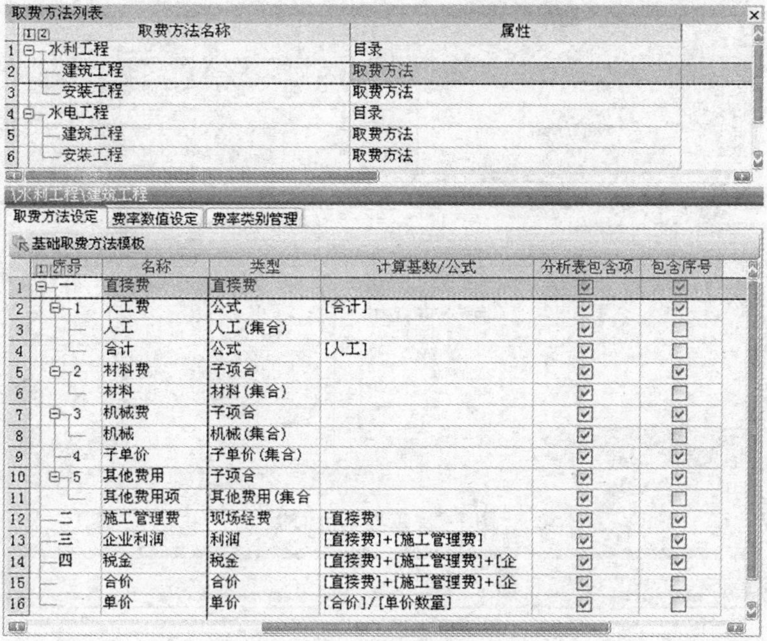


**图 7-6　单价取费管理面板**

型不需要编辑计算公式,其他数据类型都需要编辑相应的计算公式或取费基数。

新建工程后,系统默认定义了工程各取费类型中常用的费率类别,通过"费率类别管理"面板,用户可以根据工程需要进行新增、修改或删除费率类别。还可以调整各费率类别的前后顺序。

费率数值面板用来设定费率类别中各取费项目的取费数值。

2. 编制工程单价

点击主窗口菜单【造价\工程单价】或点击主窗口工具栏按钮,打开工程单价面板,如图 7-7 所示。

面板由工程单价列表、单价组成面板和单价分析表面板组成。

编制工程单价步骤为:新建单价、选择费率类别、选用定额、对定额人材机消耗量进行调整、计算工程单价。用户还可以进行复制工程单价、制作链接单价等操作。

**(四)工程量清单**

1. 编辑工程量清单

点击主窗口菜单【造价\工程量清单】,或点击工具栏【工程量清单】按钮,打开工程量清单编辑面板,如图 7-8 所示,可以编辑清单数据表结构、套价公式、工程类型。

2. 导入、导出清单

点击清单编辑面板工具栏内【导入】按钮,运行"导入工程量清单向导"。点击清单编辑面板工具栏内【导出】按钮,系统将清单导出至 Excel 中。按系统提示操作即可。

**(五)统计分析**

点击主窗口菜单【造价\统计分析】命令,或点击主窗口工具栏【统计分析】按钮,打开模板编辑面板,见图 7-9,可以进行各种统计分析。

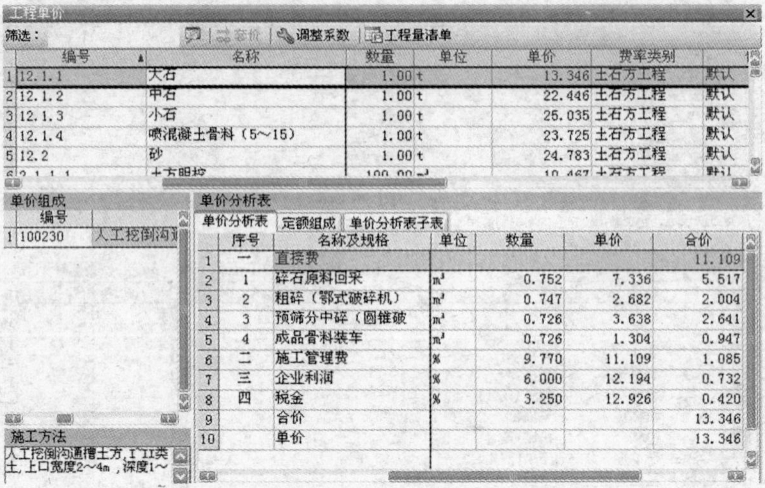


图 7-7　工程单价面板

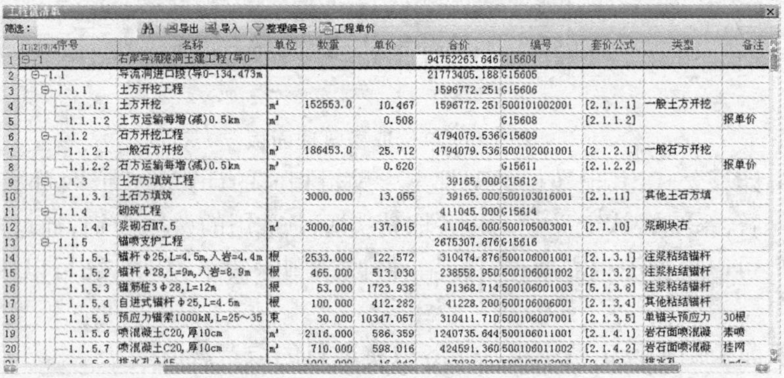


图 7-8　工程量清单编辑面板

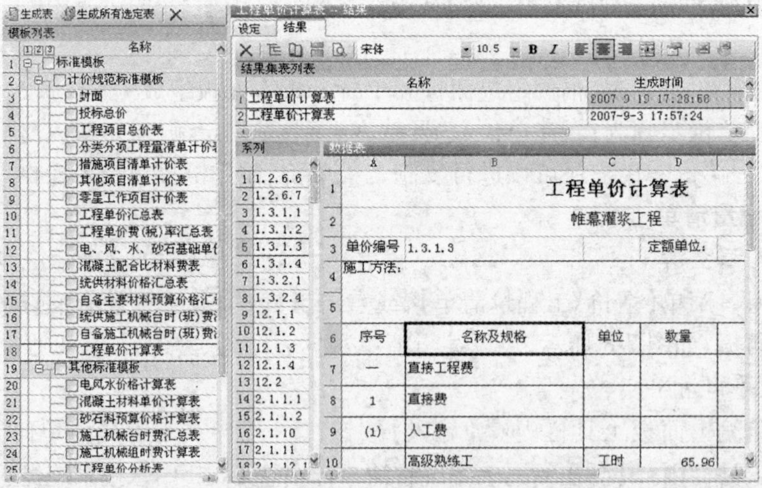


图 7-9　统计分析编辑面板

面板左侧为模板列表,右侧为包含模板设计和结果表两个选项卡。

# 第四节　凯云水利水电工程造价管理系统

## 一、系统简介

凯云水利水电工程造价管理系统是北京凯云创智软件技术有限公司研制开发的，它由水利水电工程报价软件、水利水电工程概（估）算软件、水利水电工程定额管理平台等三个软件组成。能按照单价法、工程量清单计价法、企业定额法等多种计价方式灵活地编制水利水电工程概预算和投标报价。

## 二、系统的主要功能

（1）水利水电工程报价软件。主要适用于水利水电项目业主、施工单位编制招标标底、投标报价。系统运行稳定，速度快，扩展性强，能充分满足国内不同地区、不同企业对水利水电项目标底制作和投标报价编制的需要，可利用该报价软件按各种编制办法和招标文件快捷而准确地编制水利水电工程报价。

（2）水利水电工程概（估）算软件。适用于水利设计单位的工程造价相关部门以及从事工程造价咨询等业务的单位编制水利水电工程投资估算、设计概算、分标概算、执行概算等。系统运行稳定，操作简单，工程造价人员通过该软件的使用可以大幅减轻劳动强度和工作压力，提高造价编制效率和质量。软件还包括了水利部颁布的水土保持概算定额，适用于水保部门编制水土保持项目的投资估算、设计概算等。

（3）水利水电工程定额管理平台。用户可通过该平台对行业定额、地方定额以及企业定额进行管理，同时可根据企业的实际生产、管理水平而快速准确地编制适合本企业实际情况的企业定额及各种计算模板，为企业报价提供依据。

## 三、系统的主要特点

### （一）快速、准确、灵活编制工程报价

系统界面简捷友好，简单易用，无须专门培训，定额版本全，兼容部颁及各地方水利、水电定额及编制办法。适用面广，可满足全国水利、水电及水土保持工程的招投标造价编制需求。兼容 Excel，清单、附表及单价分析表等能实现一键导入或导出。

### （二）完备的定额管理功能

系统设置独立的定额管理模块，可灵活修改、调整已有定额库，用户可自定义企业定额及材料计算公式、费率文件。

### （三）灵活的工程单价编制、清单管理和报表汇总

系统具有自定义单价取费费率和取费模板文件相结合的特点，可满足不同报价工程的需要。定额选择灵活直观，任一报价工程均可套用所有版本定额。子单价调整方便、快捷、准确，一目了然。具有强大的单价调整日志管理功能。能够详细分析清单项目人工、材料、机械用量。报表灵活，允许用户自由调整各种报表格式，导出到 Excel 可保持完整格式。

**（四）强大的网络协同作业功能**

系统具有支持对同一工程实施多人联网作业功能，提高报价编制效率和质量。对不同用户进行权限划分，有效保证数据共享、安全保密。系统自动协同多用户同时对同一项目的操作。

## 四、系统的应用（以水利水电工程报价软件为例）

凯云水利水电工程报价软件主页面可分为项目、视图、工具、窗口、帮助五个主菜单栏。

**（一）项目菜单**

项目菜单设有新建项目、打开项目、另存为、项目管理下拉子菜单。

1. 新建项目

单击【项目\新建】或

，会弹出如图 7-10 所示的对话框。

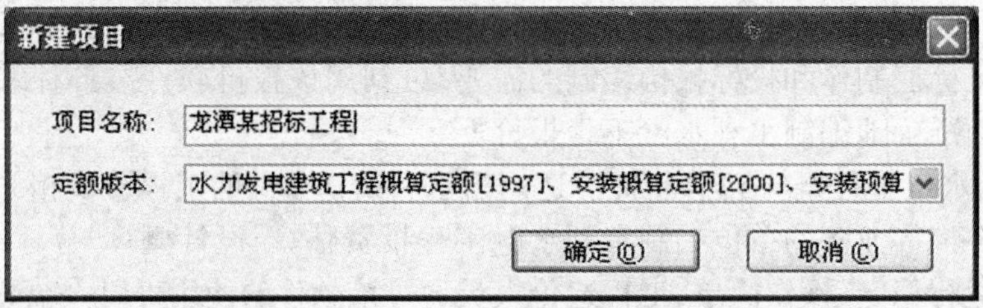


**图 7-10　新建项目窗口**

填写项目名称，并从定额版本下拉列表中选择相应的定额版本。

单击【确定】，系统导入该项目的定额数据，即可进入编制报价模块。

2. 打开项目

（1）单击【项目\打开】或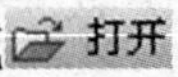

，在打开项目窗口中显示当前登录用户有权限修改的所有项目。

（2）选择指定项目打开，则系统加载该报价项目所有资料。

3. 另存为

把当前打开项目另存为指定名称的报价项目并自动打开新项目，同时关闭当前项目。

4. 项目管理

打开项目管理，在列表中显示当前用户可以管理的全部报价项目（见图 7-11）。

**（二）项目编制**

打开新建项目后，第一个页面显示该项目的属性（见图 7-12），包括填写项目的工程名称、编制人、时间、单位等基本信息；选择材料单价的计算公式、是否限价；单价统调系数的设置等。

**（三）取费管理**

建立项目时系统自动导入该项目对应定额版本的所有工程取费，用户可对取费分类列表进行增删和修改，并在费用明细中，对相应分类设置费用的计算基础，并设置是否取费。或填写了缺省的取费（见图 7-13）。

图 7-11　项目管理窗口

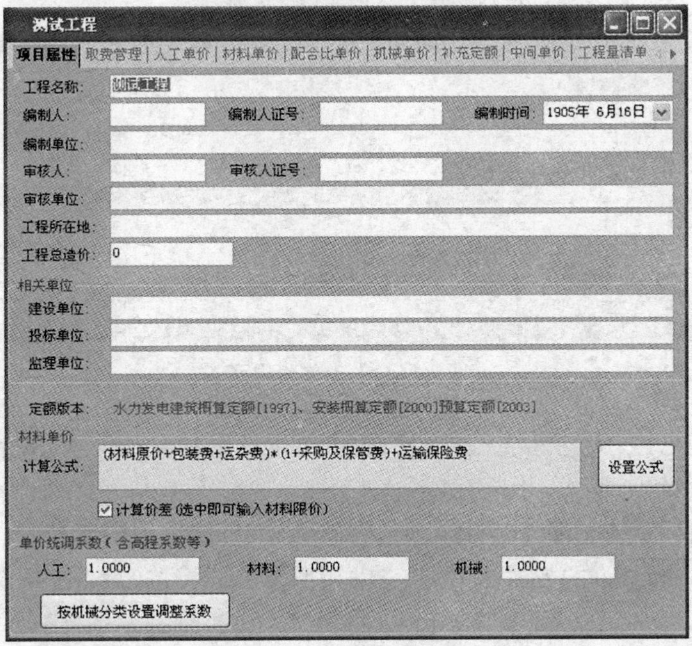


图 7-12　项目属性窗口

**(四)人工单价**

建立报价项目时系统自动建立与所选定额对应的全部人工名称，根据项目的实际情况在人工单价表中直接填写人工单价即可(见图 7-14)。根据需要用户可通过【添加】、【删除】按钮自己删补人工单价，补充单价在第一列中显示一个“补”字。

**(五)材料单价**

材料单价窗口分为三部分：材料分类(单击 分类列表 可隐藏、显示此列)、材料单价库列表(左侧上表)、材料库列表(左侧下表)(见图 7-15)。

**(六)配合比单价**

配合比单价窗口分为两部分：配合比单价列表、配合比材料组成列表(见图 7-16)。

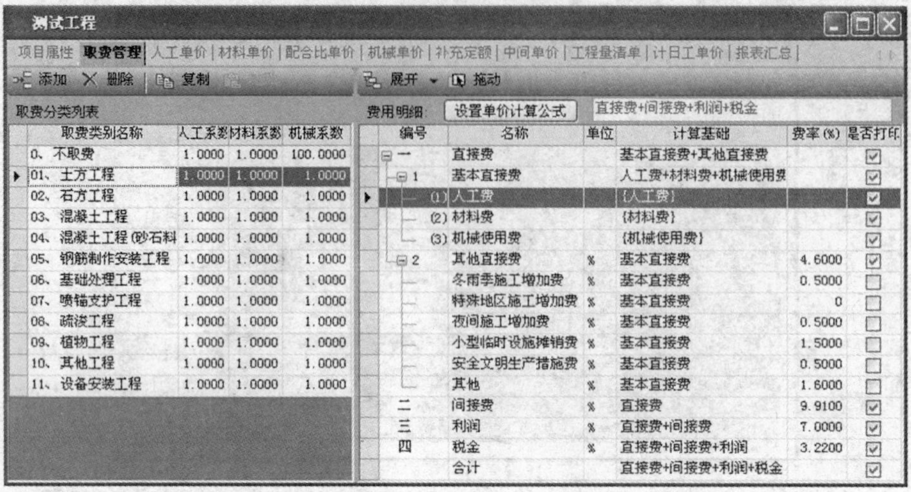


图 7-13　取费管理界面

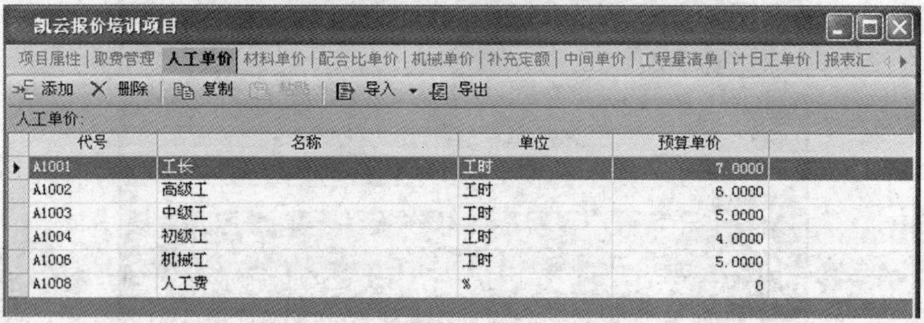


图 7-14　人工单价界面

用户可以添加配合比、从定额导入配合比,也可以进行混凝土及配合比材料组成的修改。

## (七)机械单价

机械单价窗口分为三部分:机械分类、机械单价、机械费用组成列表。系统提供按机械分类、关键字进行查询的方法。单击工具栏中"计算当前"按钮,系统导入机械台时(班)费用(见图 7-17)。

## (八)工程量清单

点击"工程量清单"窗口,系统进入工程量清单界面,该界面中上半部分是工程量清单,下半部分则是工程量清单对应的工程单价列表、单价定额的组成列表和定额人材机的组成列表(见图 7-18)。

选中工程量清单列表中的任意节点,如果该节点套用了工程单价,则在单价列表中自动选中与该清单节点套用单价对应的单价行。

工程量清单可以从 Excel 文件导入,也可以建立新的工程量清单组,系统设置了工程量清单管理项目,对清单进行修改。

编制工程单价步骤分为添加单价或者新建单价、选择定额或新建新定额、选择取费类别、对定额人材机进行调整、计算定额费用、计算工程单价费用。在编制单价过程中可实

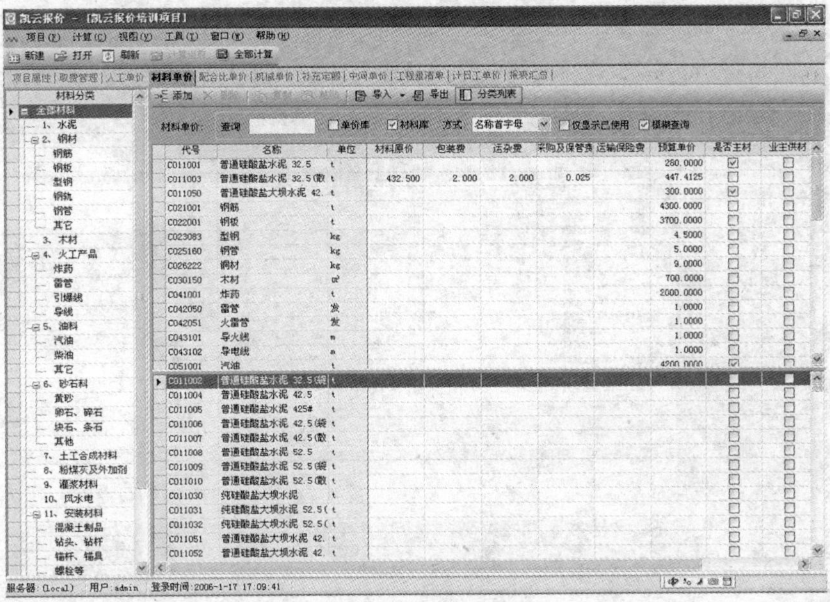


图 7-15　材料单价界面

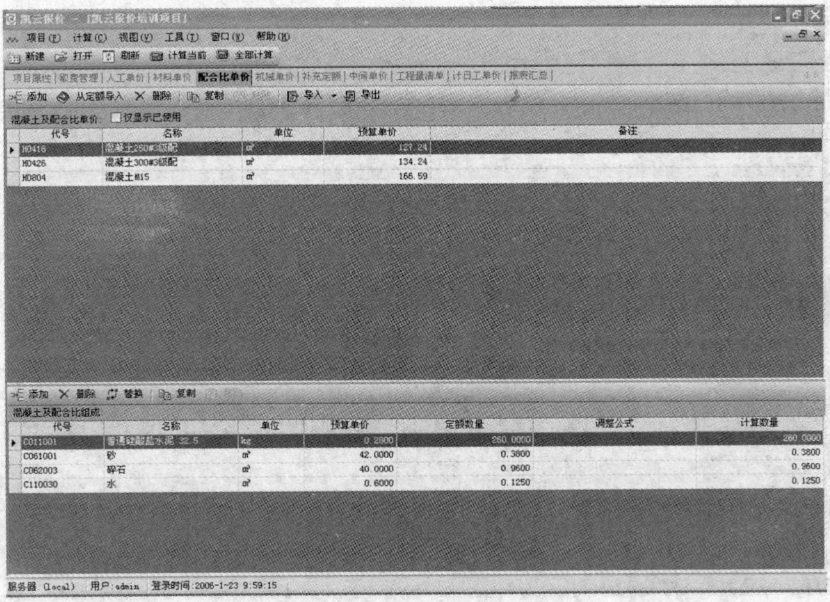


图 7-16　配合比单价界面

现选择定额、填写施工方法、选取取费类别、修改定额数量以及定额的人材机调整系数、填加子单价等功能。

**(九)报表汇总**

"报表汇总"界面,左侧窗口显示水利工程报价常用的各种报表类型(树形结构表),右侧窗口显示报表明细(见图 7-19)。

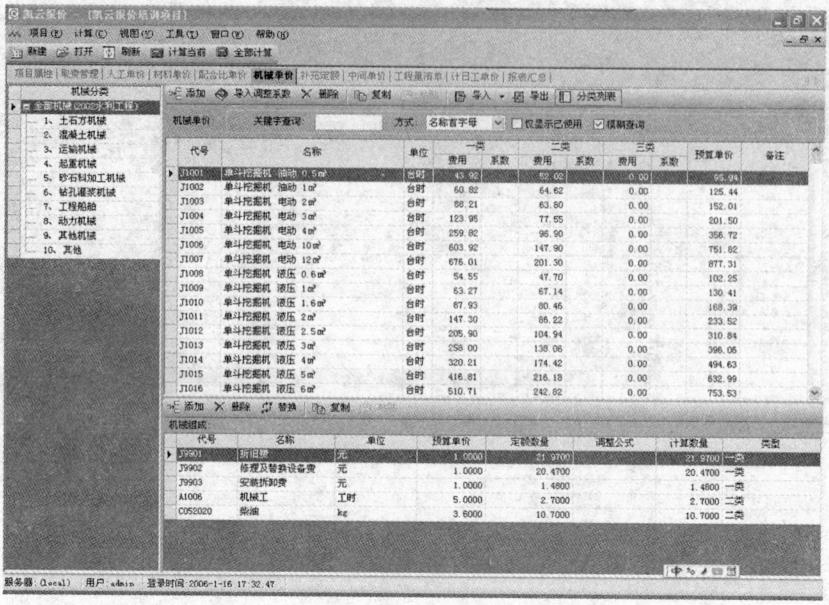


图 7-17　机械单价界面

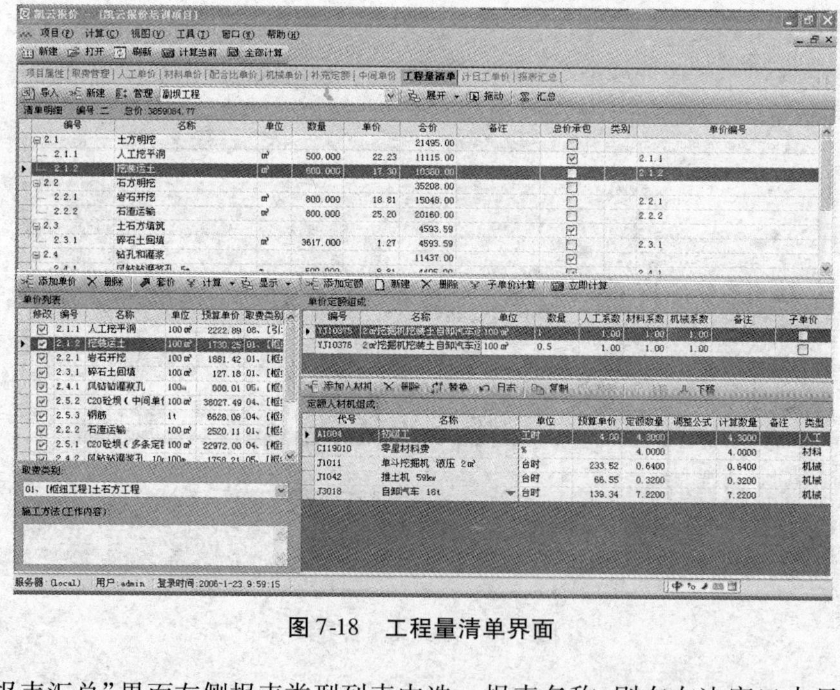


图 7-18　工程量清单界面

在“报表汇总”界面左侧报表类型列表中选一报表名称，则在右边窗口中显示对应的报表，如果是第一次打开该项目对应的报表，则自动生成系统默认的报表格式。右侧的报表明细窗口里，有【重新生成】、【保存】、【导出】、【页面设置】、【预览】、【报表选项】、【模板管理】七个按钮，可按用户的要求导出 Excel 文档格式的投标报价表格。

凯云水利水电工程造价管理系统可以升级适应《水利工程工程量清单计价规范》(GB50501—2007)要求的版本，更能灵活地适应水利工程造价管理的要求。

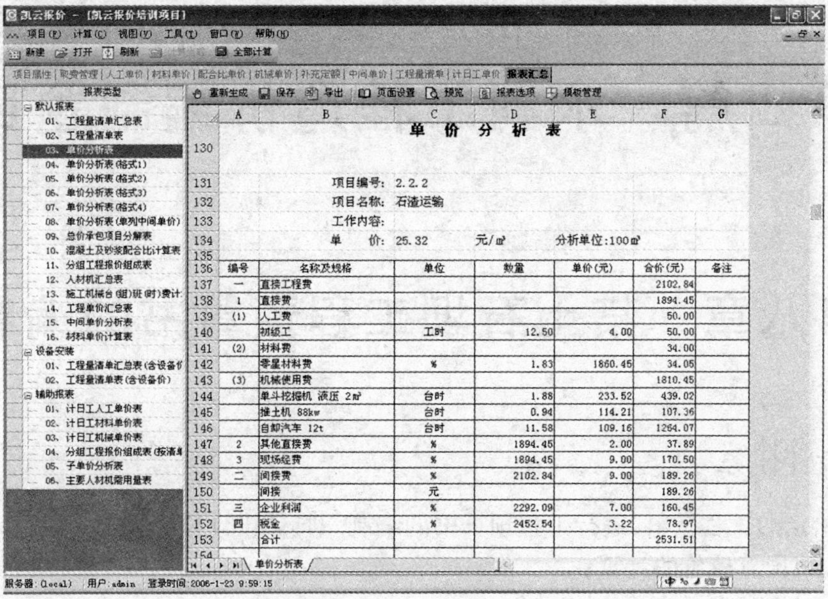
凯云报价 - [凯云报价培训项目]
项目(P) 计算(C) 视图(V) 工具(T) 窗口(W) 帮助(H)
新建 打开 刷新 全部计算
项目属性 | 取费管理 | 人工单价 | 材料单价 | 配合比单价 | 机械单价 | 补充定额 | 中间单价 | 工程量清单 | 计日工单价 | 报表汇总
报表类型
默认报表
01、工程量清单汇总表
02、工程量清单表
03、单价分析表
04、单价分析表(格式1)
05、单价分析表(格式2)
06、单价分析表(格式3)
07、单价分析表(格式4)
08、单价分析表(单列中间单价)
09、总价承包项目分解表
10、混凝土及砂浆配合比计算表
11、分组工程报价组成表
12、人材机汇总表
14、工程单价汇总表
15、中间单价分析表
16、材料单价计算表
设备安装
01、工程量清单汇总表(含设备价
02、工程量清单表(含设备价)
辅助报表
01、计日工人工单价表
02、计日工材料单价表
03、计日工机械单价表
05、子单价分析表
06、主要人材机需用量表
重新生成 保存 导出 页面设置 预览 报表选项 模板管理
单 价 分 析 表
项目编号: 2.2.2
项目名称: 石渣运输
工作内容:
单　价: 25.32　元/m³　分析单位:100m³
编号 | 名称及规格 | 单位 | 数量 | 单价(元) | 合价(元) | 备注
一 | 直接工程费 | | | | 2102.84 |
1 | 直接费 | | | | 1894.45 |
(1) | 人工费 | | | | 50.00 |
 | 初级工 | 工时 | 12.50 | 4.00 | 50.00 |
(2) | 材料费 | | | | 34.00 |
 | 零星材料费 | % | 1.83 | 1860.45 | 34.05 |
(3) | 机械使用费 | | | | 1810.45 |
 | 单斗挖掘机 液压 2m³ | 台时 | 1.88 | 233.52 | 439.02 |
 | 推土机 88kw | 台时 | 0.94 | 114.21 | 107.36 |
 | 自卸汽车 12t | 台时 | 11.58 | 109.16 | 1264.07 |
2 | 其他直接费 | % | 1894.45 | 2.00 | 37.89 |
3 | 现场经费 | % | 1894.45 | 9.00 | 170.50 |
二 | 间接费 | % | 2102.84 | 9.00 | 189.26 |
 | 间接 | 元 | | | 189.26 |
三 | 企业利润 | % | 2292.09 | 7.00 | 160.45 |
四 | 税金 | % | 2452.54 | 3.22 | 78.97 |
 | 合计 | | | | 2531.51 |
单价分析表
服务器:(local)　用户:admin　登录时间:2006-1-23 9:59:15

图 7-19　报表汇总窗口

# 第四篇　水利工程造价编制题目

## 第八章　某土石坝工程预算书的编制

### 一、设计任务

根据给定的工程资料，进行工程预算书的编制。具体设计任务如下：

(1)人工预算单价的计算；

(2)施工机械台时费的计算；

(3)混凝土材料价格的计算；

(4)材料预算价格的计算；

(5)施工用风、水、电价格的计算；

(6)项目划分；

(7)工程量计算；

(8)工程单价分析；

(9)预算附表、预算表格的汇总；

(10)预算编制说明；

(11)整理、打印、装订成册。

要求提交预算书一份，设计时间一周。

### 二、工程资料

#### (一)工程概况

某水库位于F市的东北部，蒲河支流——辉山河上，距市中心13km，项目区位于交通发达地区，主要骨干交通网均已形成，公路四通八达。蒲河流域面积23km$^2$，河道平均比降1/1 000，蓄水工程下游500m处为经济、商业中心和人口密集居住区，坝西侧400m为沈哈高速公路。

本工程主要由土坝、溢洪洞等建筑物组成，距坝顶下缘10m处有东西公路穿过下游坝坡，公路宽9m。大坝轴线与公路轴线相距16.75m。坝顶高程88.00m，坝顶长410m。坝顶总宽度4.5m，净宽4m。坝顶上游设高0.9m的不锈钢栏杆，下游设高20cm的路缘石，坝顶面铺彩砖。迎水坡坡度1∶3，采用干砌石护坡。砌石厚40cm，下面分别铺设TW0806护坡网一层、无纺布一层作为反滤层。护坡范围由上游防冲槽处一直延伸至正常蓄水位以上1m，从护坡处至坝顶设绿化带。背水坡及路基坡度1∶2.5～1∶4，先铺20cm

厚的腐殖土，再撒草籽或直接植草皮绿化。下游坝脚处做棱体排水。在坝体0+350断面处布置2孔内径1.5m的预应力混凝土管作为泄洪洞。

**（二）施工条件**

1. 交通条件

该工程下游500m处为经济、商业中心和人口密集居住区，坝西侧400m为沈哈高速公路。本工程所需的机械设备和材料可经公路运至现场。

施工现场经过平整后，便可作为临时道路。施工设备修理及工程所用的原材料的运输车辆可以畅通无阻。道路采用单车道，宽5m，计算行车速度15km/h，会车视距30m。

2. 施工用水

该工程施工生产用水设两个供水系统，均为一级供水，从下游开发区直接引水到施工场地。其中一系统设150D30×4水泵3台，其中备用1台，包括管路损失总扬程116m，相应出水流量150m³/台时；另一系统设100D45×3水泵3台，其中备用1台，总扬程120m，相应出水量90m³/台时。已知水泵台时费分别为92元/台时和72元/台时，供水损耗率取10%，维修摊销费取0.03元/m³。

3. 施工用电

根据现场实际情况，施工用电采用业主提供电源引线到施工现场。其中，施工单位自己备用30kW发电机3台。当地电网收取电价为0.5元/kWh。

4. 施工用风

供风系统主要技术指标见表8-1。

**表8-1　供风系统主要技术指标表**

| 空压机规格 | 额定容量（m³/min） | 数量（台） | 额定容量之和（m³/min） | 单价（元/台时） |
|---|---|---|---|---|
| 一、厂区 | | | 78 | |
| 1. 固定式空压机 | 20 | 3 | 60 | 66.04 |
| 2. 移动式空压机 | 6 | 3 | 18 | 27.03 |
| 二、坝区 | | | 98 | |
| 1. 固定式空压机 | 40 | 1 | 40 | 115.36 |
| 2. 固定式空压机 | 20 | 2 | 40 | 66.04 |
| 3. 移动式空压机 | 6 | 3 | 18 | 27.03 |
| 三、合计 | | | 176 | |

施工用电能量利用系数$K_1$取0.75，供风损耗率取10%；循环冷却水摊销费0.005元/m³；供风设施维修摊销费取0.003元/m³。

5. 施工排水

基坑由于降雨、施工废水，在基坑边缘布设两条宽0.6m、深0.3m的集水沟，平行坝轴线上、下游分别布置，并设置2台离心泵排水。

6. 料场的规划

土料取自坝址附近1km以内的料场。弃料场位于左岸。

料场开采前首先应清除地表树根、乱石及妨碍施工的一切障碍物。对于土料场清除的覆盖层耕土，根据料场复垦规划堆存在适当地点。料场覆盖层清除厚度 0.8m，用推土机推除表层腐殖土，相间堆存。

土料场在料场周围布置截水沟，阻挡场外水进入开采区，并根据地形、取土面积及施工期降雨强度，在料场开采面按 2% 坡度开采，并在料场边设一道汇水的排水沟。

土料场土料开采方式采用推土机剥离覆盖层，用挖掘机按划定的开采条带立面开采，装自卸汽车运输上坝。

**（三）主要施工方法**

该工程主坝的填筑量为 4.2 万 $m^3$。计划于 2008 年 3 月 26 日开始填筑，6 月 1 日完工，有效工作日为 57d。日平均强度为 737$m^3$/d。

1. 坝基清理

清理坝基、岸坡及铺盖地基时，将树木、树根、乱石、坟墓以及各种建筑物等全部清除。

2. 土方开挖

用推土机将坝基的耕土层挖掉，自卸汽车运至弃料场地。坝基为易受风化的黏土层，开挖后不能及时回填，采取预留保护层 0.3m 的措施。保护层待填筑前利用推土机集堆，利用 3$m^3$ 装载机装 20t 自卸汽车运至指定弃料场堆存，其中沟槽（边坡）等局部开挖利用人工挖除，待坝体填料行将压盖时再进行开挖。

坝基的开挖深度为 1.2m，使建成后大坝地基作用于黏土之中。坝址第二、三、四层粉质黏土透水性较差，最大渗透系数为 $9.0 \times 10^{-5}$cm/s，因而地基不做特殊的处理。

由于基础开挖高程位于地下水位以上，基础是防渗较好的黏土层，不会有地下渗流，故只考虑自然降雨的临时排水，开挖完毕的基础面上每隔 200m 左右设立垂直坝轴线的排水沟，将降雨时的雨水引至坝基两侧的主排水沟内。

3. 土方填筑

黏土填筑前，先将坝基预留层清理干净，并涂刷一层 3～5mm 厚的浓黏土浆，浓黏土浆中纯黏土与水的配比为 2∶3（质量比），涂刷土浆和黏土填筑采取渐进式施工，以防浆液干化板结。

1）土料铺填

铺料分为卸料与平料两道工序。土料铺筑应沿坝轴线方向进行，采用自卸汽车卸料、推土机平料。推土机平料过程中，采用仪器或钢钎及时检查铺料厚度，发现超厚部位应立即进行处理。铺料方法采用进占法，汽车在已平好的松土层上行使、卸料，用推土机向前进占平料。

2）土料压实

压实机械采用凸块振动碾，压实功能大，厚度可以达到 30～40cm，一般碾压 4～8 遍可达要求，生产效率高。压实后表层有 8～10cm 的松土层，填土表面不需刨毛处理。

压实方法采用进退错距法，此方法碾压与铺土、质检等工序分段作业，容易协调，便于组织平行流水作业。碾压沿坝轴线方向进行，在与岸坡结合处，用专用的小型设备在划定范围内沿接坡方向碾压。分段碾压，碾迹搭接宽度，垂直方向不小于 0.3～0.5m，顺压方向为 1.0～1.5m。

蛙夯小型设备，适用于靠近溢洪洞 1.5～2.0m 铺土、薄层压实。

4. 护坡施工

迎水坡坡度 1:3，采用干砌石护坡。砌石厚 40cm，下面分别铺设 TW0806 护坡网一层、无纺布一层作为反滤层。护坡范围由上游防冲槽处一直延伸至正常蓄水位以上 1m，从护坡处至坝顶设绿化带。背水坡及路基坡度 1:2.5～1:4，先铺 20cm 厚的腐殖土，再撒草籽或直接植草皮绿化。

护坡施工包括坡面修整、垫层铺设、护坡施工三道主要程序。坝坡坡面的修整任务是削去坡面超填的不合格填料，按设计路线将坡面修整平顺。采用推土机自上而下修整，推土机由坝顶向坝脚修整，削坡料转运上坝填筑。垫层铺设和护坡施工由人工来完成，采取在坝体填筑完毕后，再进行施工。下游草皮护坡施工，在黏性土坝坝坡上先铺腐殖土，施肥后再撒种草籽或植草皮。草种选择爬地矮草，全部过程由人工完成。

砌体砌筑应挂线施工，自下而上进行。石料为外购，ZL50 装载机装车，自卸汽车运输，机械配合，人工搬运砌筑。

下游坝脚处做棱体排水，棱体顶宽 1.0m，棱体石块最小边长不得小于 20cm，施工由人工完成。在土坝与岸坡之间设置岸坡排水沟，由人工开挖完成。采用倒梯形干砌石防冲槽，槽深 1.0m，下底长 1.0m，上底长 2.0m。

5. 泄洪洞施工

在坝体 0+350 断面处布置 2 孔内径 1.5m 的预应力混凝土管作为泄洪洞。预应力混凝土管外购，由汽车运至现场。

6. 主要施工机械选择

以挖掘机为主导机械。选用 $2m^3$ 挖掘机，运输采用 20t 自卸汽车。平土机械采用推土机，土料的压实机械采用凸块碾，见表 8-2。

表 8-2　某土石坝工程中主要施工机械

| 序号 | 名称 | 型号 | 数量 | 备注 |
|---|---|---|---|---|
| 01 | 挖掘机 | PC650－5 | 3 | |
| 02 | 推土机 | TY220 | 2 | |
| 03 | 自卸汽车 | 20t | 6 | |
| 04 | 凸块碾 | YZTYK－8 | 2 | |
| 05 | 装载机 | ZL－50 | 2 | |
| 06 | 蛙式夯实机 | HW－01A | 1 | |
| 07 | 吊车 | YZ－12 | 1 | |

**(四)施工进度**

工程计划于 2008 年 3 月 15 日开工，2008 年 7 月 15 日竣工，工期 120d。计划如下：

2008 年 3 月 15～25 日：场地平整，大坝基础清基，修建临时道路以及工棚等临时设施；

2008 年 3 月 26 日～5 月 26 日：泄洪洞施工；

2008 年 3 月 26 日 ~6 月 1 日:大坝土石方施工;

2008 年 6 月 2 ~25 日:大坝护坡、排水体工程施工;

2008 年 6 月 26 日 ~7 月 15 日:草皮护坡、坝顶工程施工;

2008 年 7 月 16 ~20 日:准备工程验收。

临建工程包括场内施工道路、土料开采加工系统、临时办公及生活福利房屋等项目施工。在 3 月 18 日前,完成场地的平整,施工现场经过平整后便可作为临时道路,施工设备修理以及工程所用的原材料的运输车可以畅通无阻。

坝基开挖在 3 月 19 日开始,地基处用推土机将表面的杂土清除。坝基开挖量大约 10 500$m^3$,日施工平均强度 1 500$m^3$/d,3 月 25 日坝基及处理工作全部完成。

坝体填筑包括坝体、上下游排水棱体等项目的填筑施工。

下游坝脚处做棱体排水,上游采用梯形干砌石防冲槽。计划于 6 月 2 ~25 日进行排水和护坡的处理。

在坝体 0 +350 处布置 2 孔内径 1.5m 的预应力混凝土管作为泄洪洞。

定于 6 月 2 日,护坡工程结束后进行原坝的拆除工作,工程量约为 4.5 万 $m^3$,6 月 25 日结束。平均强度约为 1 800$m^3$/d。

## 三、案例分析

### (一)基础单价的编制

1. 人工预算单价

F 市位于七类工资地区,经国家物价部门批准的地区津贴为 30 元/月,地方政府规定的特殊地区补贴为 20 元/月。按规定,地方政府规定的特殊地区补贴 20 元/月不计入人工预算单价。

2. 材料预算价格

该工程将钢筋、水泥作为主要材料进行详细的价格计算。

该工程所用钢筋从一大型钢厂供应,火车整车运输。普通 A3 光面钢筋占 35%,低合金 20MnSi 螺纹钢占 65%。

1)出厂价(判断代表规格后选用)

钢筋出厂价格参见表 8-3。

表 8-3 钢筋出厂价格参考表

| 名称及规格 | 单位 | 出厂价(元) |
|---|---|---|
| A3 Φ10 以下 | t | 2 250 |
| A3 Φ16 ~ Φ18 | t | 2 150 |
| 20MnSi Φ25 以外 | t | 2 350 |
| 20MnSi Φ20 ~ Φ25 | t | 2 400 |

2)运输方式及距离

钢厂到转运站用火车(490km),转运站到总仓库用汽车(10km),总仓库到分仓库用汽车(8km),分仓库到施工现场用汽车(2km)。

3)运价

(1)铁路。①运价号:钢筋整车运价号为5;②运价率(摘录)见表8-4;③铁路建设基金0.025元/(t·km),上站费1.8元/t;④其他:装载系数0.9,整车卸车费1.15元/t。

**表8-4　铁路运输运价号运价率表**

| 类别 | 运价号 | 发到基价 | | 运行基价 | |
|---|---|---|---|---|---|
| | | 单位 | 标准 | 单位 | 标准 |
| 整车 | 4 | 元/t | 6.8 | 元/(t·km) | 0.311 |
| | 5 | 元/t | 7.6 | 元/(t·km) | 0.034 8 |

(2)公路。①汽车运价0.55元/(t·km);②转运站费用4元/t;③汽车装车费2元/t,卸车费1.6元/t。

(3)运输保险费率:8‰。

(4)毛重系数:1。

该工程水泥由某水泥厂直供,标号为425,其中袋装水泥占10%、散装水泥占90%,出厂价为290元/t。运输路线、运输方式和各项费用:自水泥厂通过公路运往工地仓库,其中袋装运杂费25.2元/t、散装运杂费15.9元/t;从仓库至拌和楼由汽车运送,运费1.5元/t,进罐费1.3元/t;运输保险费费率按1%计,采购保管费费率按3%计。

3.施工用电、水、风价格计算

按照施工组织设计进行计算。

**(二)计算工程量**

按照设计图纸和工程量计算的有关规定计算并列出工程量清单。图纸见附图1~附图5。

**(三)编制分类分项工程预算价格和工程总预算**

(1)划分工程项目,按照造价的计算种类,根据基础单价和相应的工程量,计算分类分项工程单价。

(2)汇总分类分项工程预算以及其他费用:①建筑工程单价汇总表;②安装工程单价汇总表;③主要材料预算价格汇总表;④次要材料预算价格汇总表;⑤施工机械台时费汇总表;⑥主要工程量汇总表;⑦主要材料量汇总表;⑧工时数量汇总表。

(3)计算出工程总预算:①总预算表;②建筑工程预算表;③机电设备及安装工程预算表;④金属结构设备及安装工程预算表;⑤施工临时工程预算表;⑥独立费用预算表;⑦分年度投资表。

**(四)编制各种预算表格、说明书及附件**

按照有关的概预算编制办法编制预算表格、编制说明和相应的附件。附件是前述各项工作的计算书及成果汇总表。

# 第九章　某橡胶坝工程预算书的编制

## 一、设计任务

根据给定的工程资料，进行工程预算书的编制。具体设计任务如下：

(1)人工预算单价的计算；

(2)施工机械台时费的计算；

(3)混凝土材料价格的计算；

(4)工程单价分析；

(5)预算附表、预算表格的汇总；

(6)预算编制说明；

(7)整理、打印、装订成册。

要求提交预算书一份，设计时间一周。

## 二、工程资料

### (一)工程概况

某橡胶坝工程位于北河上，F 市的东北部，距市中心 12km。项目区处交通发达，主要骨干交通网均已形成，公路四通八达。区内山清水秀，风景优美，生态环境较佳。

北河发源于白林子塘坝，境内全长 4.9km，上游 1km 河道比降不足 1/100，下游河道比降为 1/200 左右，河道狭窄，河床土质为砂性土壤，流域面积 7.5$km^2$。

工程总工期为 6 个月，全部由地方政府投资。

### (二)工程结构及施工方法

1.坝体段

橡胶坝高为 2.0m，坝长为 20m，坝底板宽为 8m，为钢筋混凝土结构，底板厚取为 0.8m，下设 10cm 的 C10 混凝土垫层和 20cm 的粗砂垫层，底板下面前后各设一道齿墙以增强坝体抗滑稳定性，齿墙深 3m。墙底板中间设沥青木板沉陷缝 2cm。两侧为钢筋混凝土挡土墙，墙高 3.0m。锚固槽为 30cm×28cm，长为 20m，两个锚固槽中心距为 3.0m。

2.上游防渗铺盖段

为减少水流对上游的冲刷，采用钢筋混凝土的防渗铺盖，厚 0.4m，上下层配Φ12 钢筋，间距 25cm。下设 10cm 的 C10 混凝土垫层和 20cm 的粗砂垫层。两侧为钢筋混凝土挡土墙，墙高 3.5m。下设齿墙，前齿深 3m、后齿深 1.5m，均为钢筋混凝土结构。在顺水方向 7.5m 处设横缝，并设齿墙。

3.下游陡坡与消能段

从坝底板高程起向下有一定的落差。从稳定的角度考虑，采用陡坡形式连接。陡坡坡比 1:4，在中间处设分缝并设齿墙，陡坡开始处也设有齿墙，厚为 0.6m。消能段起始处

# 第十章　某混凝土坝工程预算书的编制

## 一、设计任务

根据给定的工程资料,进行工程预算书的编制。具体设计任务如下:

(1)人工预算单价的计算;

(2)施工机械台时费的计算;

(3)混凝土材料价格的计算;

(4)材料预算价格的计算;

(5)施工用风、水、电价格的计算;

(6)项目划分;

(7)工程量计算;

(8)工程单价分析;

(9)预算附表、预算表格的汇总;

(10)预算编制说明;

(11)整理、打印、装订成册。

要求提交预算书一份,设计时间一周。

## 二、工程资料

### (一)工程概况

该拦河大坝工程主要由碾压混凝土重力坝、坝顶表孔溢洪道等组成。碾压混凝土重力坝最低建基面高程240.00m,坝顶高程360.00m,最大坝高120.00m,坝顶宽度10.00m,坝顶总长389.50m,上游面铅直,非溢流坝段下游坝坡1:0.75,坝底最大宽度90.0m。

坝体不设纵缝,从右岸到左岸按26.5~40.0m设横缝,共分11个坝段,其中1#~3#坝段和9#~11#坝段为非溢流坝段,分别长118.0m、97.5m;4#~6#坝段为溢流坝段,长106.0m;7#、8#坝段为引水坝段,长68.0m。

坝体内布置3层廊道,断面均采用城门洞形。基础帷幕灌浆及排水廊道断面尺寸2.5m×3.5m(宽×高),底板高程248.0m,上游面混凝土厚度9.5m。2层交通排水廊道断面尺寸均为2.0m×3.0m(宽×高),底板高程分别为283.0m、318.0m,上游面混凝土厚度分别为6.5m、3.5m。

坝体材料根据工程各部位运行需要进行分区,基础1.5m厚常规混凝土,非溢流坝段基础混凝土底板以上及溢流坝段330.0m高程以下、基础混凝土底板以上的大体积混凝土采用碾压混凝土筑坝,碾压混凝土总量115.36万$m^3$,占大坝混凝土总量127.87万$m^3$的90.2%。

溢洪道集中布置在河床右侧,共设5孔泄洪表孔,孔口尺寸为14.0m×18.0m

(宽×高)。溢流堰采用 WES 型实用堰,孔口布置弧形工作门及平板检修门各一道,弧形工作门由坝顶液压式启闭机操作,检修门由坝顶门机启闭。表孔下泄水流采用挑流消能。

**(二)施工条件**

1. 交通条件

该水库位于 M 市境内,距 M 市公路里程(省道)13km。M 市对外交通条件方便,襄渝铁路在 M 市设有站点,与其他省市有省道或国道相通,所有工程所需物资大部分可从 M 市获得,特殊材料或设备可通过经过该市的铁路或公路装卸转运。

该工程水泥、粉煤灰、钢筋、钢材、木材、油料、火工产品由 M 市物资部门供应。场内以通过该工程的省道作为主干道路,场内需新建道路 15.273km。为连系两岸交通,于坝址下游 1.5km 处修建大桥 1 座,桥长 220m。

2. 施工用水

工程用水取用河水,分别在坝址左右岸、下游砂石加工系统设抽水站取水。坝肩开挖、堆石料场高程较高部位的开采设置二级供水。一级供水总能力为 $550m^3/h$,二级供水能力为 $50m^3/h$。各抽水、加压泵站技术指标见表 10-1。能量利用系数取 0.70,供水损耗率 20%,供水设施维修摊销费取 0.03 元/$m^3$。

**表 10-1　抽水、加压泵站技术指标表**

| 抽水站 | 一级供水能力($m^3/h$) | 二级供水能力($m^3/h$) | 扬程(m) | 水泵型号 | 台数 |
|---|---|---|---|---|---|
| 坝址左岸 | 150 | | 125 | IS80-50-315,37kW | 3 |
| 坝址右岸 | 150 | | 125 | IS80-50-315,37kW | 3 |
| 砂石加工系统 | 300 | | 80 | IS100-65-250,37kW | 3 |
| 坝址左岸加压泵站 | | 500 | 50 | IS65-40-200,7.5kW | 2 |
| 坝址右岸加压泵站 | | 50 | 50 | IS65-40-200,7.5kW | 2 |
| 合计 | 600 | 550 | | | 13 |

3. 施工用电

M 市已有 110kV 电源及变电站,施工用电从 M 市变电站接线,线路等级 35kV,输电线路长度约 13km。根据施工需求,在坝址设变电站,进线电压 35kV,出线电压 6.3kV、10kV,其中 6.3kV 出线直接送高压用电设备,10kV 出线深入用户区后,经配电变压器降压至 0.4kV 送至各用户。

该工程用电全部采用电网供电。当地电网电价为 0.572 元/kWh,高压输电线路损耗率 5%,电网变配电设备及输电线路损耗率取 8%,供电设施维修摊销费 0.02 元/kWh。

4. 施工用风

该工程主要用风部位为大坝等部位石方明挖,岸坡开挖期间分别在左右岸设固定式供风站供风,供风容量分别为 $240m^3/min$、$180m^3/min$;导流洞采用液压设备。经机械调配平衡后,选用 $60m^3/min$ 电动空压机 7 台,供风设备总容量为 $420m^3/min$。空压机能量利用系数取 0.7,供风损耗率取 15%,供风设施维修摊销费取 0.003 元/$m^3$。

5. 施工导流

1) 导流隧洞

根据坝址地形地质条件及工程枢纽布置特点，导流隧洞布置在右岸。导流隧洞全长530.015m，宽×高为15.0m×18.0m，洞身过水断面尺寸为251.11$m^2$。隧洞进口位于溢洪道进水口与泄洪洞进水口之间，洞身穿越溢洪道，出口位于溢洪道出口上游侧。进口设4.0m厚中墩，两孔封堵门，封堵门孔口尺寸为7.5m×18.0m(宽×高)，隧洞进出口段及遇断层破碎带采用1.2m厚钢筋混凝土衬砌，洞身段采用0.6m厚钢筋混凝土衬砌。

2) 上游围堰

上游围堰采用黏土斜墙堆石围堰，最大堰高32.9m，堰顶宽10.0m，迎水面边坡1:2.5，背水面边坡1:1.75。河床砂砾石覆盖层厚8.0～10.0m，采用高压旋喷墙防渗。河床部位砂砾石粒径一般小于150mm，成墙条件较好，仅岸坡接合部位局部有孤石及大漂石分布，可辅以压力灌浆防渗。

3) 下游围堰

下游围堰亦采用黏土斜墙堆石围堰，最大堰高13.4m，堰顶宽8.0m，迎水面边坡1:2.5，背水面边坡1:1.5，堰脚抛钢筋石笼防护。河床砂砾石覆盖层厚4.0～6.0m，采用高压旋喷墙防渗。

6. 截流与基坑排水

1) 截流

截流时间为10月初。截流流量为十月份十年一遇月平均流量415$m^3$/s。截流方式采用由左岸向右岸单向立堵进占方式，先截上游围堰，戗堤高程270.0m，顶宽10.0m，上下游边坡1:1.3。截流材料采用开挖石渣，截流总备料量6 000$m^3$，其中抛投体大块石200$m^3$。

2) 基坑排水

在上下游围堰截流、加高、培厚、闭气完成后，进行基坑排水，排水量包括基坑积水、堰身及覆盖层渗水、覆盖层含水及排水过程中可能的降水。排水总量22.68万$m^3$，采用排水容量0.53$m^3$/s，5d内排完。

经常性排水，计入降雨、施工弃水以及上下游围堰渗水，经计算，日排水总量6.16万$m^3$，采用排水容量0.71$m^3$/s。

排水泵站设在上下游土石围堰的堰脚处，共选用5台12Sh－9A型水泵。

7. 料场规划

工程混凝土所用骨料全部采用坝址附近的天然砂砾料加工而成。料场开采方式采用2$m^3$液压反铲开采，15t自卸汽车运往砂石加工系统。

**(三)主要施工方法**

1. 导流建筑物施工

1) 导流隧洞施工

导流隧洞洞身长498.015m，设计断面为15.0m×18.0m(宽×高)，城门洞形。根据衬砌结构的不同，洞身段的开挖断面分为17.4m×20.4m(宽×高)和16.2m×19.2m(宽×高)城门洞形，进出口明挖量16.53万$m^3$，洞挖量18.92万$m^3$，衬砌混凝土3.54万$m^3$。

导流洞进出口石方明挖采用先预裂后松动，由上而下、由外至内分层分段进行开挖，预裂孔和松动爆破孔采用 YQ－100 型潜孔钻钻孔，毫秒微差爆破，$2m^3$ 液压挖掘机装 15～20t自卸汽车运至弃渣场堆弃，运距 1.5km。

导流洞石方分三层开挖，首先贯通上层平洞，然后进行中、下层平洞扩挖。上层平洞开挖高度 6.0m，选用 2 台 TH480 液压四臂凿岩台车钻孔，周边光面爆破，$2.3m^3$ 侧卸式装载机装 15t 自卸汽车出渣，弃渣运往渣场。中、下层平洞扩挖分层高度 7.0m 左右，采用 2 台 ROC742HC 液压履带钻机造孔，深孔梯段爆破，周边预裂爆破，出渣方式与上层平洞相同。

隧洞采用挂网喷混凝土作为临时支护，系统锚杆采用液压凿岩台车钻孔，采用简易台车布置注浆机注浆、人工插杆，HP－Ⅲ型混凝土喷射机分两层喷护。

洞身混凝土浇筑，采用钢模台车立模，8～10t 自卸汽车送至工作面，转混凝土泵压送入仓，插入式振捣器振实。洞口混凝土浇筑，采用履带吊吊 $3m^3$ 卧罐入仓。混凝土自混凝土拌和系统运来，运距 0.5km。

2）上下游围堰施工

上下游围堰均采用黏土斜墙堆石围堰，砂砾石覆盖层采用高压旋喷墙防渗，土石方填筑量分别为 33.27 万 $m^3$、5.30 万 $m^3$。高压旋喷墙分别为 1 $729m^2$、1 $960m^2$。

围堰堆石体部分采用基坑开挖砂砾石及石渣混合料，由 $3m^3$ 装载机装 15t 自卸汽车运料上堰，132kW 推土机平料，16t 振动碾碾压，防渗黏土由土料场开采。截流完成后即可进行堰前黏土抛填，以尽早形成防渗墙施工平台，随即进行旋喷施工，采用冲击回转钻机造孔，泥浆固壁，水、气、浆液三重管喷射成墙。

2. 大坝施工

1）坝基开挖

岸坡及河床覆盖层直接由 132kW 推土机集渣，$2m^3$ 液压挖掘机装 15～20t 自卸汽车运至弃渣场，运距 1.0km。

岸坡部位石方开挖自上而下分层进行，采用 YQ－100 型潜孔钻钻孔，先周边预裂，后毫秒微差松动爆破。建基面以上预留 2m 作为保护层，保护层开挖采用手风钻钻孔，浅孔爆破。开挖石渣由推土机集渣，$2m^3$ 液压挖掘机装 15～20t 自卸汽车运输，用做上下游围堰填筑用料，运距 0.5km。

2）混凝土浇筑

（1）常态混凝土浇筑。常态混凝土采用 20t 平移式无塔缆机进行混凝土垂直运输，缆机跨度为 600m；混凝土水平运输采用 20t 自卸汽车运至 $6m^3$ 卧罐内，缆机吊运入仓，平均运距 1km。混凝土入仓后 30% 采用平仓振捣机振捣，70% 采用 2.2kW 电动插入式振捣器振捣。

（2）碾压混凝土施工。碾压混凝土采用 20t 自卸汽车运输平均 1km 后转负压溜槽入仓，再采用 20t 自卸汽车布料。碾压混凝土入仓后均采用 D65P－12 平仓机铺料，BW－202AD 振动碾碾压，BW－75S 手扶振动碾配合。

3）基础处理

坝基帷幕灌浆、固结灌浆均在趾板上进行，灌浆部位混凝土龄期不少于 28d，相邻板块趾板混凝土龄期不少于14d。帷幕灌浆采用小口径地质钻机钻孔,200L立式灰浆搅拌机制浆,BW-200灌浆泵分段灌浆。固结灌浆采用小口径地质钻机钻孔,孔内循环分段灌浆。

## 三、案例分析

### (一)基础单价的编制

1. 人工预算单价

项目区位于六类工资地区,地区工资系数1.0。

2. 材料预算价格

该工程主要材料为水泥、砂子、钢筋,要求详细计算出运杂费、采购及保管费、保险费,其他次要材料执行工程所在地区就近城市建设工程造价管理部门发布的建设工程材料价格信息,加至工地的运杂费进行计算,或按材料市场价加8%左右运杂费、采购保管费计算。

3. 施工用电、水、风价格计算

施工用电、水、风价格按照施工组织设计进行计算。

### (二)计算工程量

按照设计图纸和工程量计算的有关规定计算并列出工程量清单,工程资料中已经给出部分工程量及尺寸。溢流坝段典型剖面图及非溢流坝段典型剖面图见附图6、附图7。

### (三)编制分类分项工程预算价格和工程总预算

(1)划分工程项目。项目划分按照水利部2002年颁发的水总116号文有关项目划分的规定执行。

(2)按照造价的计算种类,根据基础单价和相应的工程量,查定额计算分类分项工程单价。

(3)汇总分类分项工程预算以及其他费用:①建筑工程单价汇总表;②安装工程单价汇总表;③主要材料预算价格汇总表;④次要材料预算价格汇总表;⑤施工机械台时费汇总表;⑥主要工程量汇总表;⑦主要材料量汇总表;⑧工时数量汇总表。

(4)计算出工程总预算:①总预算表;②建筑工程预算表;③机电设备及安装工程预算表;④金属结构设备及安装工程预算表;⑤施工临时工程预算表;⑥独立费用概算表。

### (四)编制各种预算表格、说明书及附件

按照有关的概预算编制办法编制预算表格、编制说明和相应的附件。附件是前述各项工作的计算书及成果汇总表。

# 第十一章 某引水隧洞工程量清单及计价的编制

## 一、设计任务

根据给定的工程资料,进行工程量清单计价的编制。具体设计任务如下:

(1)按照工程量清单格式,分析工程资料,编制工程量清单;

(2)套用定额分析工程单价;

(3)根据措施项目清单,提出具体的措施计划,进行报价;

(4)工程量清单计价的编制;

(5)编制说明书。

要求编制说明书一份,工程量清单、工程量清单计价各一份。设计时间为一周。

## 二、工程资料

### (一)工程概况

某水电站枢纽工程坐落在X河中下游河段上,距Y市66km。工程由首部枢纽、引水系统和厂区枢纽等部分组成。其中引水发电隧洞布置于左岸,全长8 026.77m,为一直径3.8m的圆形压力洞;电站设计水头196m,最大发电流量30.3$m^3$/s,电站装机50MW。

X河流域属温带半湿地区,集水面积为2 536$km^2$,该区多年平均降雨量为731.7mm,多年平均气温11.6℃。气候特点是干湿季分明,每年6~9月为主汛期,10月~翌年5月为枯水期。

### (二)地形地质条件

隧洞总长8 026.77m。总体上由于沿线主要含(透)水层,岩组分布高程多高于隧洞线50m以上,隧洞线主要穿行于富水性贫乏、透水性弱—极弱的岩组。因此,隧洞线施工中受地下水影响总体上不大。

### (三)交通条件

该工程对外交通运输条件较为方便,电站距Y市66km。铁路已建成通车,可担负主要材料的运输。

目前,X水电站进场公路有两条线路,一条为四级泥结石路面,至首部枢纽,全长16.5km,另一条也为四级泥结石路面,至厂房,全长10km,均能满足施工时外来材料的运输要求。

场内交通主要由斜长428m、载重为6t的2号索道和斜长620m、载重为5.5t的3号索道吊运工程所需的材料、设备,人员进场经由两座过河施工便桥及左岸至支洞口的人行施工便道。

## (四)控制性工期

工程开工日期:2008 年 1 月 15 日;工程完工日期:2009 年 12 月 31 日。

## (五)主要工程量

主体工程各主要工程项目工程量汇总见表 11-1。

**表 11-1　主体工程主要工程量汇总表**

| 项目编号 | 项目名称 | 单位 | 工程量 | 项目编号 | 项目名称 | 单位 | 工程量 |
|---|---|---|---|---|---|---|---|
| 1 | 隧洞石方挖运 | $m^3$ | 72 262 | 11－1 | 隧洞石方挖运 | $m^3$ | 200 |
| 2 | 隧洞 C20 混凝土衬砌 | $m^3$ | 26 251 | 11－2 | 隧洞 C20 混凝土封堵 | $m^3$ | 300 |
| 3 | 固结灌浆 | m | 1 424 | 11－3 | 隧洞固结灌浆 | m | 150 |
| 4 | 回填灌浆 | $m^2$ | 18 400 | 11－4 | 隧洞回填灌浆 | $m^2$ | 100 |
| 5 | 钢筋制安 | t | 1 075 | 11－5 | 钢筋制安 | t | 6 |
| 6 | 钢支撑 | t | 128.7 | 12 | 3#施工支洞封堵工程 | | |
| 7 | 随机锚杆 | 根 | 3 074 | 12－1 | 隧洞石方挖运 | $m^3$ | 200 |
| 8 | 超前锚杆 | 根 | 6 503 | 12－2 | 隧洞 C20 混凝土封堵 | $m^3$ | 300 |
| 9 | 系统锚杆 | 根 | 3 704 | 12－3 | 隧洞固结灌浆 | m | 150 |
| 10 | 喷混凝土 | $m^3$ | 1 092 | 12－4 | 隧洞回填灌浆 | $m^2$ | 100 |
| 11 | 2#施工支洞封堵工程 | | | 12－5 | 钢筋制安 | t | 6 |

## (六)施工风、水、电及通信系统

1. 施工用风

设 1#、2#压气站。主要供 2#施工支洞及 3#施工支洞用风。用风设备配置及耗风量见表 11-2。供风站及设备配备见表 11-3、表 11-4。供风站具体布置如下。

1#压气站:布置在 2#施工支洞洞口附近,容量为两台 20$m^3$/min 固定式空压机,负责供应 2#施工支洞的上游和下游工作面施工用风。由 4″钢管供风至上游及下游工作面。

2#压气站:布置在 3#施工支洞洞口附近,容量为两台 20$m^3$/min 固定式空压机,主要供应 3#施工支洞的上游和下游工作面用风,由 4″钢管供风至上游及下游工作面。

**表 11-2　设备配置及耗风量表**

| 序号 | 设备名称 | 型号 | 单位 | 数量 | 单耗风量($m^3$/min) | 备注 |
|---|---|---|---|---|---|---|
| 1 | 手风钻 | YT－28 | 台 | 20 | 3～4 | |
| 2 | 混凝土湿喷机 | TK－961 | 台 | 2 | 10 | |
| 3 | 压钎机 | | 台 | 1 | 3～4 | |

表 11-3　压气站容量及供风设备配备表

| 序号 | 供风站名称 | 设计供风量($m^3$/min) | 设备配置 | 单位 | 数量 | 备注 |
|---|---|---|---|---|---|---|
| 1 | 1#压气站 | 40 | | | | |
| 1-1 | 空压机 | 20 | LWS-20/7 | 台 | 2 | |
| 2 | 2#压气站 | 40 | | | | |
| 2-1 | 空压机 | 20 | LWS-20/7 | 台 | 2 | |

表 11-4　各压气站供风管路配置表

| 序号 | 供风站名称 | 钢管类型 | 单位 | 数量 |
|---|---|---|---|---|
| 1 | 1#压气站 | 4″ | m | 2 100 |
| 2 | 2#压气站 | 4″ | m | 2 100 |

2. 施工供水系统

2#、3#支洞口附近均有冲沟通过,山沟内常年有水,能满足施工需要。在山沟各修建一座容量为 100t 的贮水池,采用 4″钢管辅设至左岸生产、生活区,供水支管采用 3″和 2″水管至生活区。

A 区、D 区、E 区主要为生活用水,供水用当地水源。施工供水系统配置见表 11-5。

表 11-5　施工供水系统配置表

| 序号 | 供水部位 | 设施类型 | 单位 | 数量 | 备注 |
|---|---|---|---|---|---|
| 1 | B 区 | 4″/3″/2″钢管 | m | 800/2 100/300 | 水池一座 100t |
| 2 | C 区 | 4″/3″/2″钢管 | m | 900/2 000/300 | 水池一座 100t |

3. 供电系统

发包人将提供现场 10kV 输电线接入点,并在 2#、3#支洞口附近 200m 范围内各安装一台 630kVA 变压器,进场后承包方从变压器架设输电线供电至各工作面。A 区、B 区、C 区的用电直接接入当地电源。

各生产生活区内:普通动力输电线采用 35$mm^2$ 铝芯胶皮线,生活区办公住宿照明采用 10$mm^2$、6$mm^2$、4$mm^2$ 铝芯线。

4. 施工通信系统

采用内部程控电话(一门)及 12 只无线电对讲机作为内部通信工具。

**(七)生产、生活区临时性房建**

生产、生活区临时性房建工程量汇总见表 11-6。

**(八)施工辅助企业**

1. 混凝土拌和及喷混凝土拌和系统

2#、3#支洞两个工作面,施工运输条件艰巨,规划布置 1#、2#两个混凝土及喷混凝土拌和站。

**表 11-6 临建工程量汇总表**

| 序号 | 项目名称 | 单位 | 数量 | 备注 | 序号 | 项目名称 | 单位 | 数量 | 备注 |
|---|---|---|---|---|---|---|---|---|---|
| 1 | 办公用房 | $m^2$ | 540 | 含左右岸生活区 | 16 | 停车场 | $m^2$ | 200 | |
| 2 | 职工住房 | $m^2$ | 1 700 | 含左右岸生活区 | 17 | 浆砌石 | $m^3$ | 500 | |
| 3 | 职工食堂 | $m^2$ | 450 | 含左右岸生活区 | 18 | 6″钢管 | m | 600 | |
| 4 | 会议室 | $m^2$ | 220 | | 19 | 4″钢管 | m | 5 300 | |
| 5 | 锅炉房 | $m^2$ | 60 | | 20 | 2″钢管 | m | 600 | |
| 6 | 职工娱乐室 | $m^2$ | 200 | | 21 | 3″钢管 | m | 4 100 | |
| 7 | 医疗急救室 | $m^2$ | 50 | | 22 | 185$mm^2$ 铝芯线 | m | 14 500 | |
| 8 | 空压房 | $m^2$ | 120 | | 23 | 120$mm^2$ 铝芯线 | m | 4 600 | |
| 9 | 炸药雷管库 | $m^2$ | 140 | | 24 | 95$mm^2$ 铝芯线 | m | 3 700 | |
| 10 | 水泥库房 | $m^2$ | 600 | | 25 | 70$mm^2$ 铝芯线 | m | 500 | |
| 11 | 钢筋木模加工房 | $m^2$ | 800 | | 26 | 35$mm^2$ 铝芯线 | m | 500 | |
| 12 | 调度室 | $m^2$ | 20 | | 27 | 10$mm^2$ 铝芯线 | m | 1 000 | |
| 13 | 洞口值班室 | $m^2$ | 20 | | 28 | 6$mm^2$ 铝芯线 | m | 1 000 | |
| 14 | 实验室 | $m^2$ | 50 | | 29 | 4$mm^2$ 铝芯线 | m | 2 500 | |
| 15 | 机修车间 | $m^2$ | 200 | | 30 | 电瓶机车钢轨 | m | 4 200 | |

1#拌和站在 B 区布置 1 台 JDY－750、1 台 JDY－500 强制式拌和机，站内布置一间 120$m^2$ 水泥库及 30$m^2$ 实验室，混凝土拌和系统占地 600$m^2$。

2#混凝土拌和站布置在 C 区（3#支洞口附近），占地 600$m^2$，其配置同 1#混凝土拌和站。

2. 钢筋木模加工厂及钢模台车加工组装场

钢筋木模、钢模台车加工场在 2#、3#支洞口附近各布置一个，所需材料由 2#、3#索道从右岸吊运至左岸生产区现场加工。

钢筋木模加工厂及钢模台车加工场只在左岸生产区布置。

3. 修理厂

修理厂在 2#、3#支洞口附近各布置一个，主要考虑机械设备的小修、中修及日常维护保养。机械设备大修则考虑在 Y 市区一定点修理厂进行，机械设备常用部件、部分零配件、非标准件及一些工器具尽量自购作备用。

**（九）永久工程项目和工作内容**

1. 本合同应完成的永久工程项目和工作内容

（1）完成发电引水隧洞段（3＋500～7＋140.00）土建工程施工。

（2）施工临时附属设施的施工（除施工道路、10kV 供电线路及变压器安装）。

（3）施工辅助工程及其他临时设施。

2. 发包人承担的工程项目和工作内容

(1)两座施工便桥,两条施工索道。

(2)施工场地的征用、搬迁和移民安置。

(3)609. 84$m^2$ 两层楼的石棉瓦屋。

(4)施工用电 10kV 电压等级以上的设施建设。

(5)永久设备的采购和运输。

(6)向承包商提供如下施工设备:

①2 台混凝土输送车(JCGY6);

②1 台混凝土输送泵(HBT80. 8. 112RZ);

③1 台充电机;

④1 台直交频调速蓄电池电机车(JXBK12);

⑤2 台变压器(S9 -630kVA -10)。

## 三、案例分析

(1)根据给出的工程量汇总表,参照《水利工程工程量清单计价规范》(GB50501—2007)附录 A、B,确定分类分项工程量清单项目,明确项目编码。

(2)根据工程项目特点,确定措施项目清单、其他项目清单、零星工作项目清单。

(3)根据工程资料,给出招标人供应材料价格表、招标人提供施工设备表、招标人提供施工设施表。

(4)根据分类分项工程量清单,查定额确定工程单价。

(5)措施项目清单报价的编制。

实验室设备配置、混凝土及喷混凝土拌和站设备配置、钢筋木模加工厂及钢模台车加工场其相应设备配置、各种修理机具配置可以参考表 11-7 ~ 表 11-10。

**表 11-7 实验室设备配置**

| 序号 | 项目名称 | 单位 | 数量 | 备注 |
|---|---|---|---|---|
| 1 | 混凝土压力试验机 | 台 | 1 | |
| 2 | 砂烘箱 | 台 | 1 | |
| 3 | 混凝土试模 | 个 | 若干 | |
| 4 | 砂子筛 | 个 | 1 | |
| 5 | 混凝土坍落度测量仪 | 台 | 1 | |
| 6 | 维卡仪 | 台 | 1 | |
| 7 | 回弹仪 | 台 | 1 | |
| 8 | 水泥强度试验机 | 台 | 1 | |
| 9 | 钢筋强度试验机 | 台 | 1 | |

表 11-8　混凝土及喷混凝土拌和站设备配置

| 序号 | 项目名称 | 单位 | 数量 | 备注 |
|---|---|---|---|---|
| 1 | JDY－500 强制式拌和机 | 台 | 1 | |
| 2 | JDY－750 强制式拌和机 | 台 | 1 | |
| 3 | TK－961 混凝土湿喷机 | 台 | 2 | |
| 4 | 牛角注浆机 | 台 | 2 | |

表 11-9　钢筋木模加工厂及钢模台车加工场主要配置设备

| 序号 | 设备或项目名称 | 型号规格 | 单位 | 数量 | 备注 |
|---|---|---|---|---|---|
| 1 | 弯筋机 | GW6－40 | 台 | 1 | 13kW/台 |
| 2 | 断筋机 | GQ40 | 台 | 1 | 5.5kW/台 |
| 3 | 钢筋调直机 | GTJ×14 | 台 | 1 | 4kW/台 |
| 4 | 交流电焊机 | BX－300 | 台 | 2 | 205kW/台 |
| 5 | 直流电焊机 | $AX_1$－500 | 台 | 2 | 32kW/台 |
| 6 | 气焊设备 | | 套 | 1 | |
| 7 | 切割机 | | 台 | 1 | 6kW/台 |
| 8 | 砂轮机 | $J_3SL$－400 | 台 | 2 | 0.75kW/台 |
| 9 | 平板运输车 | 5m 加长 | 台 | 1 | |
| 10 | 钢筋堆放加工场 | | $m^2$ | 300 | |
| 11 | 工具、值班房 | | $m^2$ | 30 | |
| 12 | 带锯机 | $MJ_3110$ | 台 | 1 | 20kW |
| 13 | 圆盘锯 | MJ225 | 台 | 1 | 4kW |
| 14 | 刨木机 | MB904 | 台 | 1 | 2.8kW |
| 15 | 砂轮机 | $J_3ST$－400 | 台 | 3 | 0.75kW |
| 16 | 电锯 | $ZSN_2$－22/13 | 台 | 5 | |

表 11-10　修理机具配置设备

| 序号 | 设备或项目名称 | 型号规格 | 单位 | 数量 | 备注 |
|---|---|---|---|---|---|
| 1 | 台钻 | $\phi12\sim\phi20$mm | 台 | 1 | 1.5kW |
| 2 | 砂轮机 | $J_3ST$－400 | 台 | 1 | 6kW |
| 3 | 手动葫芦 | 2t、3t、5t、10t | 个 | 各 2 | |
| 4 | 油压千斤顶 | 32t | 台 | 2 | |
| 5 | 打气泵 | | 台 | 2 | 7.5kW |
| 6 | 钳工平台 | | 张 | 2 | |

(6)其他项目清单报价、零星工作项目清单报价、其他辅助表格的填写。

(7)按照工程量清单计价格式,进行表格汇总,整理成册。

# 附　录

## 附录1　工程勘察设计收费标准

一、总则

1. 工程设计收费是指设计人根据发包人的委托，提供编制建设项目初步设计文件、施工图设计文件、非标准设备设计文件、施工图预算文件、竣工图文件等服务所收取的费用。

2. 工程设计收费采取按照建设项目单项工程概算投资额分档定额计费方法计算收费。铁道工程设计收费计算方法，在交通运输工程一章中规定。

3. 工程设计收费按照下列公式计算：

工程设计收费＝工程设计收费基准价×(1±浮动幅度值)

工程设计收费基准价＝基本设计收费＋其他设计收费

基本设计收费＝工程设计收费基价×专业调整系数×工程复杂程度调整系数×附加调整系数

4. 工程设计收费基准价

工程设计收费基准价是按照本收费标准计算出的工程设计基准收费额，发包人和设计人根据实际情况，在规定的浮动幅度内协商确定工程设计收费合同额。

5. 基本设计收费

基本设计收费是指在工程设计中提供编制初步设计文件、施工图设计文件收取的费用，并相应提供设计技术交底、解决施工中的设计技术问题、参加试车考核和竣工验收等服务。

6. 其他设计收费

其他设计收费是指根据工程设计实际需要或者发包人要求提供相关服务收取的费用，包括总体设计费、主体设计协调费、采用标准设计和复用设计费、非标准设备设计文件编制费、施工图预算编制费、竣工图编制费等。

7. 工程设计收费基价

工程设计收费基价是完成基本服务的价格。工程设计收费基价在“工程设计收费基价表”(附表1-5)中查找确定，计费额处于两个数值区间的，采用直线内插法确定工程设计收费基价。

8. 工程设计收费计费额

工程设计收费计费额，为经过批准的建设项目初步设计概算中的建筑安装工程费、设备与工器具购置费和联合试运转费之和。

工程中有利用原有设备的，以签订工程设计合同时同类设备的当期价格作为工程设计收费的计费额;工程中有缓配设备,但按照合同要求以既配设备进行工程设计并达到设备安装和工艺条件的,以既配设备的当期价格作为工程设计收费的计费额;工程中有引进设备的,按照购进设备的离岸价折换成人民币作为工程设计收费的计费额。

9. 工程设计收费调整系数

工程设计收费标准的调整系数包括:专业调整系数、工程复杂程度调整系数和附加调整系数。

(1)专业调整系数是对不同专业建设项目的工程设计复杂程度和工作量差异进行调整的系数。计算工程设计收费时,专业调整系数在"工程设计收费专业调整系数表"(附表1-6)中查找确定。

(2)工程复杂程度调整系数是对同一专业不同建设项目的工程设计复杂程度和工作量差异进行调整的系数。工程复杂程度分为一般、较复杂和复杂三个等级,其调整系数分别为:一般(Ⅰ级)0.85;较复杂(Ⅱ级)1.0;复杂(Ⅲ级)1.15。计算工程设计收费时,工程复杂程度在相应章节的"工程复杂程度表"中查找确定。

(3)附加调整系数是对专业调整系数和工程复杂程度调整系数尚不能调整的因素进行补充调整的系数。附加调整系数分别列于总则和有关章节中。附加调整系数为两个或两个以上的,附加调整系数不能连乘。将各附加调整系数相加,减去附加调整系数的个数,加上定值1,作为附加调整系数值。

10. 非标准设备设计收费按照下列公式计算:

非标准设备设计费 = 非标准设备计费额 × 非标准设备设计费费率

非标准设备计费额为非标准设备的初步设计概算。非标准设备设计费费率在"非标准设备设计费费率表"(附表1-7)中查找确定。

11. 单独委托工艺设计、土建以及公用工程设计、初步设计、施工图设计的,按照其占基本服务设计工作量的比例计算工程设计收费。

12. 改扩建和技术改造建设项目,附加调整系数为1.1～1.4。根据工程设计复杂程度确定适当的附加调整系数,计算工程设计收费。

13. 初步设计之前,根据技术标准的规定或者发包人的要求,需要编制总体设计的,按照该建设项目基本设计收费的5%加收总体设计费。

14. 建设项目工程设计由两个或者两个以上设计人承担的,其中对建设项目工程设计合理性和整体性负责的设计人,按照该建设项目基本设计收费的5%加收工程设计协调费。

15. 工程设计中采用标准设计或者复用设计的,按照同类新建项目基本设计收费的30%计算收费;需要重新进行基础设计的,按照同类新建项目基本设计收费的40%计算收费;需要对原设计做局部修改的,由发包人和设计人根据设计工作量协商确定工程设计收费。

16. 编制工程施工图预算的,按照该建设项目基本设计收费的10%收取施工图预算编制费;编制工程竣工图的,按照该建设项目基本设计收费的8%收取竣工图编制费。

17. 工程设计中采用设计人自有专利或者专有技术的,其专利和专有技术收费由发包人与设计人协商确定。

18. 工程设计中的引进技术需要境内设计人配合设计的,或者需要按照境外设计程序和技术质量要求由境内设计人进行设计的,工程设计收费由发包人与设计人根据实际发生的设计工作量，参照本标准协商确定。

19. 由境外设计人提供设计文件，需要境内设计人按照国家标准规范审核并签署确认意见的，按照国际对等原则或者实际发生的工作量，协商确定审核确认费。

20. 设计人提供设计文件的标准份数，初步设计、总体设计分别为 10 份，施工图设计、非标准设备设计、施工图预算、竣工图分别为 8 份。发包人要求增加设计文件份数的，由发包人另行支付印制设计文件工本费。工程设计中需要购买标准设计图的，由发包人支付购图费。

21. 本收费标准不包括本总则第 1 条以外的其他服务收费。其他服务收费，国家有收费规定的，按照规定执行；国家没有收费规定的，由发包人与设计人协商确定。

## 二、水利电力工程设计

1. 水利电力工程范围

适用于水利、发电、送电、变电、核能工程。

2. 水利电力工程各阶段工作量比例

水利电力工程各阶段工作量比例见附表 1-1。

**附表 1-1　水利电力工程各阶段工作量比例表**

| 工程类型 | | 设计阶段 | | |
|---|---|---|---|---|
| | | 初步设计（%） | 招标设计（%） | 施工图设计（%） |
| 核能、送电、变电工程 | | 40 | | 60 |
| 火电工程 | | 30 | | 70 |
| 水库、水电、潮汐工程 | | 25 | 20 | 55 |
| 风电工程 | | 45 | | 55 |
| 引调水工程 | 建构筑物 | 25 | 20 | 55 |
| | 渠道管线 | 45 | 20 | 35 |
| 河道治理工程 | 建构筑物 | 25 | 20 | 55 |
| | 河道堤防 | 55 | 10 | 35 |
| 灌区田间工程 | | 60 | | 40 |
| 水土保持工程 | | 70 | 10 | 20 |

3. 水利电力工程复杂程度

（1）电力、核能、水库工程复杂程度见附表 1-2。

**附表 1-2　电力、核能、水库工程复杂程度表**

| 等级 | 工程设计条件 |
|---|---|
| Ⅰ级 | 1. 新建 4 台以上同容量凝汽式机组发电工程，燃气轮机发电工程；<br>2. 电压等级 110kV 的及以下的送电、变电工程；<br>3. 设计复杂程度赋分值之和≤ -20 的水库和水电工程 |

**续附表 1-2**

| 等级 | 工程设计条件 |
|---|---|
| Ⅱ级 | 1. 新建或扩建 2 ~ 4 台单机容量 50MW 以上凝汽式机组及 50MW 及以下供热机组发电工程；<br>2. 电压等级 220kV、330kV 的送电、变电工程；<br>3. 设计复杂程度赋分值之和为 -20 ~ 20 的水库和水电工程 |
| Ⅲ级 | 1. 新建 1 台机组的发电工程，一次建设两种不同容量机组的发电工程，新建 2 ~ 4 台单机容量 50MW 以上供热机组发电工程，新能源发电工程（风电、潮汐等）；<br>2. 电压等级 500kV 送电、变电、换流站工程；<br>3. 核电工程、核反应堆工程；<br>4. 设计复杂程度赋分值之和≥20 的水库和水电工程 |

**注**：(1) 水电工程可行性研究与初步设计阶段合并的，设计总工作量附加调整系数为 1.1。

(2) 水库和水电工程计费额包括水库淹没区处理补偿费和施工辅助工程费。

(2) 其他水利工程复杂程度见附表 1-3。

**附表 1-3　其他水利工程复杂程度表**

| 等级 | 工程设计条件 |
|---|---|
| Ⅰ级 | 1. 丘陵、山区、沙漠地区的建筑物投资之和与建设项目中所有建筑物投资之和的比例 < 30% 的引调水建筑物工程；<br>2. 丘陵、山区、沙漠地区渠道管线长度之和与建设项目中所有渠道管线长度之和的比例 < 30% 的引调水渠道管线工程；<br>3. 堤防等级 V 级的河道治理建(构)筑物及河道堤防工程；<br>4. 灌区田间工程；<br>5. 水土保持工程 |
| Ⅱ级 | 1. 丘陵、山区、沙漠地区的建筑物投资之和与建设项目中所有建筑物投资之和的比例在 30% ~ 60% 的引调水建筑物工程；<br>2. 丘陵、山区、沙漠地区渠道管线长度之和与建设项目中所有渠道管线长度之和的比例在 30% ~ 60% 的引调水渠道管线工程；<br>3. 堤防等级Ⅲ、Ⅳ级的河道治理建(构)筑物及河道堤防工程 |
| Ⅲ级 | 1. 丘陵、山区、沙漠地区的建筑物投资之和与建设项目中所有建筑物投资之和的比例 > 60% 的引调水建筑物工程；<br>2. 丘陵、山区、沙漠地区管线长度之和与建设项目中所有渠道管线长度之和的比例 > 60% 的引调水渠道管线工程；<br>3. 堤防等级Ⅰ、Ⅱ级的河道治理建(构)筑物及河道堤防工程；<br>4. 护岸、防波堤、围堰、人工岛、围垦工程，城镇防洪、河口整治工程 |

**注**：引调水渠道或管线、河道堤防工程附加调整系数为 0.85；灌区田间工程附加调整系数为 0.25；水土保持工程附加调整系数为 0.7；河道治理及引调水工程建筑物、构筑物工程附加调整系数为 1.3。

4. 水库和水电工程复杂程度赋分

水库和水电工程复杂程度赋分见附表 1-4。

**附表 1-4　水库和水电工程复杂程度赋分表**

| 项目 | 工程设计条件 | 赋分值 |
|---|---|---|
| 枢纽布置方案比较 | 一个坝址或一条坝线方案 | -10 |
| | 两个坝址或两条坝线方案 | 5 |
| | 三个坝址或三条坝线方案 | 10 |
| 建筑物 | 有副坝 | -1 |
| | 土石坝、常规重力坝 | 2 |
| | 有地下洞室 | 6 |
| | 两种坝型或两种厂型 | 7 |
| | 新坝型，拱坝、混凝土面板堆石坝、碾压混凝土坝 | 7 |
| 综合利用 | 防洪、发电、灌溉、供水、航运、减淤、养殖具备一项 | -6 |
| | 防洪、发电、灌溉、供水、航运、减淤、养殖具备两项 | 1 |
| | 防洪、发电、灌溉、供水、航运、减淤、养殖具备三项 | 2 |
| | 防洪、发电、灌溉、供水、航运、减淤、养殖具备四项 | 4 |
| | 防洪、发电、灌溉、供水、航运、减淤、养殖具备五项及以上 | 6 |
| 环保 | 环保要求简单 | -3 |
| | 环保要求一般 | 1 |
| | 环保有特殊要求 | 3 |
| 泥沙 | 少泥沙河流 | -4 |
| | 多泥沙河流 | 5 |
| 冰凌 | 有冰凌问题 | 5 |
| 主坝坝高 | 坝高 < 30m | -4 |
| | 坝高 30 ~ 50m | 1 |
| | 坝高 51 ~ 70m | 2 |
| | 坝高 71 ~ 150m | 4 |
| | 坝高 > 150m | 6 |
| 地震设防 | 地震设防烈度≥Ⅶ度 | 4 |
| 基础处理 | 简单：地质条件好或不需进行地基处理 | -4 |
| | 中等：按常规进行地基处理 | 1 |
| | 复杂：地质条件复杂，需进行特殊地基处理 | 4 |
| 下泄流量 | 窄河谷坝高在 70m 以上、下泄流量 25 000$m^3/s$ 以上 | 4 |
| 地理位置 | 地处深山峡谷，交通困难，远离居民点，生活物资供应困难 | 3 |

## 三、取费表

工程设计收费基价见附表1-5。

**附表1-5 工程设计收费基价表** 单位:万元

| 序号 | 计费额 | 收费基价 |
|---|---|---|
| 1 | 200 | 9.0 |
| 2 | 500 | 20.9 |
| 3 | 1 000 | 38.8 |
| 4 | 3 000 | 103.8 |
| 5 | 5 000 | 163.9 |
| 6 | 8 000 | 249.6 |
| 7 | 10 000 | 304.8 |
| 8 | 20 000 | 566.8 |
| 9 | 40 000 | 1 054.0 |
| 10 | 60 000 | 1 515.2 |
| 11 | 80 000 | 1 960.1 |
| 12 | 100 000 | 2 393.4 |
| 13 | 200 000 | 4 450.8 |
| 14 | 400 000 | 8 276.7 |
| 15 | 600 000 | 11 897.5 |
| 16 | 800 000 | 15 391.4 |
| 17 | 1 000 000 | 18 793.8 |
| 18 | 2 000 000 | 34 948.9 |

**注:**计费额>2 000 000万元的,以计费额乘以1.6%的收费率计算收费基价。

工程设计收费专业调整系数见附表1-6。

**附表1-6 工程设计收费专业调整系数表**

| 工程类型 | 专业调整系数 |
|---|---|
| 1.矿山采选工程 | |
| 黑色、黄金、化学、非金属及其他矿采选工程 | 1.1 |
| 采煤工程,有色、铀矿采选工程 | 1.2 |
| 选煤及其他煤炭工程 | 1.3 |
| 2.加工冶炼工程 | |
| 各类冷加工工程 | 1.0 |
| 船舶水工工程 | 1.1 |
| 各类冶炼、热加工、压力加工工程 | 1.2 |
| 核加工工程 | 1.3 |

续附表 1-6

| 工程类型 | 专业调整系数 |
|---|---|
| 3. 石油化工工程 | |
| 石油、化工、石化、化纤、医药工程 | 1.2 |
| 核化工工程 | 1.6 |
| 4. 水利电力工程 | |
| 风力发电、其他水利工程 | 0.8 |
| 火电工程 | 1.0 |
| 核电常规岛、水电、水库、送变电工程 | 1.2 |
| 核能工程 | 1.6 |
| 5. 交通运输工程 | |
| 机场场道工程 | 0.8 |
| 公路、城市道路工程 | 0.9 |
| 机场空管和助航灯光、轻轨工程 | 1.0 |
| 水运、地铁、桥梁、隧道工程 | 1.1 |
| 索道工程 | 1.3 |
| 6. 建筑市政工程 | |
| 邮政工艺工程 | 0.8 |
| 建筑、市政、电信工程 | 1.0 |
| 人防、园林绿化、广电工艺工程 | 1.1 |
| 7. 农业林业工程 | |
| 农业工程 | 0.9 |
| 林业工程 | 0.8 |

非标准设备设计费费率见附表 1-7。

附表 1-7　非标准设备设计费费率表

| 类别 | 非标准设备分类 | 费率(%) |
|---|---|---|
| 一般 | 技术一般的非标准设备,主要包括:<br>1. 单体设备类:槽、罐、池、箱、斗、架、台,常压容器、换热器、铅烟除尘、恒温油浴及无传动的简单装置;<br>2. 室类:红外线干燥室、热风循环干燥室、浸漆干燥室、套管干燥室、极板干燥室、隧道式干燥室、蒸汽硬化室、油漆干燥室、木材干燥室 | 10~13 |

续附表 1-7

| 类别 | 非标准设备分类 | 费率(%) |
|---|---|---|
| 较复杂 | 技术较复杂的非标准设备,主要包括:<br>1. 室类:喷砂室、静电喷漆室;<br>2. 窑类:隧道窑、倒焰窑、抽屉窑、蒸笼窑、辊道窑;<br>3. 炉类:冷风冲天炉、热风冲天炉、加热炉、反射炉、退火炉、淬火炉、锻烧炉、坩埚炉、氢气炉、石墨化炉、室式加热炉、砂芯烘干炉、干燥炉、亚胺化炉、还氧铅炉、真空热处理炉、气氛炉、空气循环炉、电炉;<br>4. 塔器类:Ⅰ、Ⅱ类压力容器,换热器,通信铁塔;<br>5. 自动控制类:屏、柜、台、箱等电控、仪控设备,电力拖动、热工调节设备;<br>6. 通用类:余热利用、精铸、热工、除渣、喷煤、喷粉设备,压力加工设备,板材、型材加工设备,喷丸强化机、清洗机;<br>7. 水工类:浮船坞、坞门、闸门、船舶下水设备、升船机设备;<br>8. 试验类:航空发动机试车台、中小型模拟试验设备 | 13 ~ 16 |
| 复杂 | 技术复杂的非标准设备,主要包括:<br>1. 室类:屏蔽室、屏蔽暗室;<br>2. 窑类:熔窑、成型窑、退火窑、回转窑;<br>3. 炉类:闪速炉、专用电炉、单晶炉、多晶炉、沸腾炉、反应炉、裂解炉、大型复杂的热处理炉、炉外真空精炼设备;<br>4. 塔器类:Ⅲ类压力容器、反应釜、真空罐、发酵罐、喷雾干燥塔、低温冷冻设备、高温高压设备、核承压设备及容器、广播电视塔桅杆、天馈线设备;<br>5. 通用类:组合机床、数控机床、精密机床、专用机床、特种起重机、特种升降机、高货位立体仓贮设备、胶接固化装置、电镀设备,自动、半自动生产线;<br>6. 环保类:环境污染防治、消烟除尘、回收装置;<br>7. 试验类:大型模拟试验设备、风洞高空台、模拟环境试验设备 | 16 ~ 20 |

**注:**(1)新研制并首次投入工业化生产的非标准设备,乘以 1.3 的调整系数计算收费。

(2)多台(套)相同的非标准设备,自第二台(套)起乘以 0.3 的调整系数计算收费。

# 附录 2　关于工程建设监理费的有关规定

为了保证工程建设监理事业的顺利发展,维护建设单位和监理单位的合法权益,现对工程建设监理费有关问题规定如下:

1. 工程建设监理,由取得法人资格,具备监理条件的工程监理单位实施,是工程建设的一种技术性服务。

2. 工程建设监理,要体现“自愿互利、委托服务”的原则,建设单位与监理单位要签订监理合同,明确双方的权利和义务。

3. 工程建设监理费，根据委托监理业务的范围、深度和工程的性质、规模、难易程度以及工作条件等情况，按照下列方法之一计收：

(1) 按所监理工程概预算的百分比计收(见附表 2-1)。

**附表 2-1　工程建设监理收费标准**

| 序号 | 工程概预算 $M$<br>(万元) | 设计阶段(含设计招标)<br>监理取费 $a$(%) | 施工(含施工招标)及<br>保修阶段监理取费 $b$(%) |
|---|---|---|---|
| 1 | $M<500$ | $0.20<a$ | $2.50<b$ |
| 2 | $500\leqslant M<1\ 000$ | $0.15<a\leqslant 0.20$ | $2.00<b\leqslant 2.50$ |
| 3 | $1\ 000\leqslant M<5\ 000$ | $0.10<a\leqslant 0.15$ | $1.40<b\leqslant 2.00$ |
| 4 | $5\ 000\leqslant M<10\ 000$ | $0.08<a\leqslant 0.10$ | $1.20<b\leqslant 1.40$ |
| 5 | $10\ 000\leqslant M<50\ 000$ | $0.05<a\leqslant 0.08$ | $0.08<b\leqslant 1.20$ |
| 6 | $50\ 000\leqslant M<100\ 000$ | $0.03<a\leqslant 0.05$ | $0.60<b\leqslant 0.80$ |
| 7 | $100\ 000\leqslant M$ | $a\leqslant 0.03$ | $b\leqslant 0.60$ |

(2) 按照参与监理工作的年度平均人数计算:3.5 万～5 万元/(人·年)。

(3) 不宜按(1)、(2)两项办法计收的，由建设单位和监理单位按商定的其他方法计收。

4. 以上(1)、(2)两项规定的工程建设监理收费标准为指导性价格，具体收费标准由建设单位和监理单位在规定的幅度内协商确定。

5. 中外合资、合作、外商独资的建设工程，工程建设监理费由双方参照国际标准协商确定。

6. 工程建设监理费用于监理工作中的直接、间接成本开支，缴纳税金和合理利润。

7. 各监理单位要加强对监理费的收支管理，自觉接受物价和财务监督。

8. 国务院各有关部门和各省、自治区、直辖市物价部门、建设部门可依据本规定，结合本地区、本部门情况制定具体实施办法，报国家物价局、建设部备案。

9. 本规定自 1992 年 10 月 1 日起施行。

# 附录 3　水利水电工程设计工程量计算规定

一、总则

1. 水利水电工程各设计阶段的工程量，是设计工作的重要成果和编制工程概(估)算的主要依据。为统一设计工程量的计算工作，特制定本规定。

2. 本规定适用于大、中型水利水电工程项目的项目建议书、可行性研究和初步设计阶段的设计工程量计算。

3. 按照不同设计阶段设计报告编制规程的要求，永久工程和主要施工临时工程的工程量，均应符合《水利工程设计概(估)算编制规定》中工程项目划分的要求。

4. 各设计阶段计算的工程量乘附表 3-1 所列相应的阶段系数后，作为设计工程量提供给造价专业编制工程概(估)算。

5. 施工中允许的超挖、超填量，合理的施工附加量及施工操作损耗，已计入概算定额，不应包括在设计工程量中。

6. 本规定中不包括机电设备需要量计算的内容，机电设备需要量应根据水规计[1996]608 号文、DL5020、DL5021、水总[2002]116 号文等有关规程、规定的要求计算。

7. 本规定引用的规程和规定：

水规计[1996]608 号文《水利水电工程项目建议书编制暂行规定》；

《水利水电工程可行性研究报告编制规程》(DL5020—93)；

《水利水电工程初步设计报告编制规程》(DL5021—93)；

《水利水电工程施工组织设计规范》(SL303—2004)；

水总[2002]116 号文《水利工程设计概(估)算编制规定》。

8. 水利水电工程设计工程量计算除符合本规定外，尚应符合国家和有关部门现行的相关专业技术标准的规定。

水利水电工程设计工程量阶段系数见附表 3-1。

## 二、永久工程建筑工程量

1. 土石方开挖工程量，应按岩土分类级别计算，并将明挖、暗挖分开。明挖宜分一般、坑槽、基础、坡面等；暗挖宜分平洞、斜井、竖井和地下厂房等。

2. 土石方填(砌)筑工程的工程量计算应符合下列规定：

(1)土石方填筑工程量应根据建筑物设计断面中不同部位不同填筑材料的设计要求分别计算，以建筑物实体方计量。

(2)砌筑工程量按不同砌筑材料、砌筑方式(干砌、浆砌等)和砌筑部位分别计算，以建筑物砌体方计量。

3. 疏浚与吹填工程的工程量计算应符合下列规定：

(1)疏浚工程量的计算，宜按设计水下方计量，开挖过程中的超挖及回淤量不应计入。

(2)吹填工程量计算，除考虑吹填土层下沉及原地基下沉增加量外，还应考虑施工期泥沙流失量，计算出吹填区陆上方再折算为水下方。

4. 土工合成材料工程量宜按设计铺设面积或长度计算，不应计入材料搭接及各种型式嵌固的用量。

5. 混凝土工程量计算应以成品实体方计量，并应符合下列规定：

(1)项目建议书阶段混凝土工程量宜按工程各建筑物分项、分强度和级配计算。可行性研究和初步设计阶段混凝土工程量应根据设计图纸分部位、分强度、分级配计算。

(2)碾压混凝土宜提出工法，沥青混凝土宜提出开级配或密级配。

(3)钢筋混凝土的钢筋可按含钢率或含钢量计算。混凝土结构中的钢衬工程量应单独列出。

附表 3-1　水利水电工程设计工程量阶段系数表

| 类别 | 设计阶段 | 土石方开挖工程量(万 $m^3$) | | | | 混凝土工程量(万 $m^3$) | | | |
|---|---|---|---|---|---|---|---|---|---|
| | | >500 | 500~200 | 200~50 | <50 | >300 | 300~100 | 100~50 | <50 |
| 永久工程建筑物 | 项目建议书 | 1.03~1.05 | 1.05~1.07 | 1.07~1.09 | 1.09~1.11 | 1.03~1.05 | 1.05~1.07 | 1.07~1.09 | 1.09~1.11 |
| | 可行性研究 | 1.02~1.03 | 1.03~1.04 | 1.04~1.06 | 1.06~1.08 | 1.02~1.03 | 1.03~1.04 | 1.04~1.06 | 1.06~1.08 |
| | 初步设计 | 1.01~1.02 | 1.02~1.03 | 1.03~1.04 | 1.04~1.05 | 1.01~1.02 | 1.02~1.03 | 1.03~1.04 | 1.04~1.05 |
| 施工临时工程 | 项目建议书 | 1.05~1.07 | 1.07~1.10 | 1.10~1.12 | 1.12~1.15 | 1.05~1.07 | 1.07~1.10 | 1.10~1.12 | 1.12~1.15 |
| | 可行性研究 | 1.04~1.06 | 1.06~1.08 | 1.08~1.10 | 1.10~1.13 | 1.04~1.06 | 1.06~1.08 | 1.08~1.10 | 1.10~1.13 |
| | 初步设计 | 1.02~1.04 | 1.04~1.06 | 1.06~1.08 | 1.08~1.10 | 1.02~1.04 | 1.04~1.06 | 1.06~1.08 | 1.08~1.10 |
| 金属结构工程 | 项目建议书 | | | | | | | | |
| | 可行性研究 | | | | | | | | |
| | 初步设计 | | | | | | | | |

| 类别 | 设计阶段 | 土石方填筑砌石工程量(万 $m^3$) | | | | 钢筋 | 钢材 | 模板 | 灌浆 |
|---|---|---|---|---|---|---|---|---|---|
| | | >500 | 500~200 | 200~50 | <50 | | | | |
| 永久工程建筑物 | 项目建议书 | 1.03~1.05 | 1.05~1.07 | 1.07~1.09 | 1.09~1.11 | 1.08 | 1.06 | 1.11 | 1.16 |
| | 可行性研究 | 1.02~1.03 | 1.03~1.04 | 1.04~1.06 | 1.06~1.08 | 1.06 | 1.05 | 1.08 | 1.15 |
| | 初步设计 | 1.01~1.02 | 1.02~1.03 | 1.03~1.04 | 1.04~1.05 | 1.03 | 1.03 | 1.05 | 1.10 |
| 施工临时工程 | 项目建议书 | 1.05~1.07 | 1.07~1.10 | 1.10~1.12 | 1.12~1.15 | 1.10 | 1.10 | 1.12 | 1.18 |
| | 可行性研究 | 1.04~1.06 | 1.06~1.08 | 1.08~1.10 | 1.10~1.13 | 1.08 | 1.08 | 1.09 | 1.17 |
| | 初步设计 | 1.02~1.04 | 1.04~1.06 | 1.06~1.08 | 1.08~1.10 | 1.05 | 1.05 | 1.06 | 1.12 |
| 金属结构工程 | 项目建议书 | | | | | | | | |
| | 可行性研究 | | | | | | | | |
| | 初步设计 | | | | | | | | |

注:(1)当采用混凝土立模面系数乘以混凝土工程量计算模板工程量时,不应再考虑模板阶段系数。

(2)当采用混凝土含钢率或含钢量乘以混凝土工程量计算钢筋工程量时,不应再考虑钢筋阶段系数。

(3)截流工程的工程量阶段系数可取1.25~1.35。

6. 混凝土立模面积应根据建筑物结构体型、施工分缝要求和使用模板的类型计算。

项目建议书和可行性研究阶段可参考《水利建筑工程概算定额》中附录9，初步设计阶段可根据工程设计立模面积计算。

7. 钻孔灌浆工程量计算应符合下列规定：

(1)基础固结灌浆与帷幕灌浆的工程量，自起灌基面算起，钻孔长度自实际孔顶高程算起。基础帷幕灌浆采用孔口封闭的，还应计算灌注孔口管的工程量，根据不同孔口管长度以孔为单位计算。地下工程的固结灌浆，其钻孔和灌浆工程量根据设计要求以米计。

(2)回填灌浆工程量按设计的回填接触面积计算。

(3)接触灌浆和接缝灌浆的工程量，按设计所需面积计算。

8. 混凝土地下连续墙的成槽和混凝土浇筑工程量应分别计算，并应符合下列规定：

(1)成槽工程量按不同墙厚、孔深和地层以面积计算。

(2)混凝土浇筑的工程量，按不同墙厚和地层以成墙面积计算。

9. 锚固工程量可按下列要求计算：

(1)锚杆支护工程量，按锚杆类型、长度、直径和支护部位及相应岩石级别以根数计算。

(2)预应力锚索的工程量按不同预应力等级、长度、型式及锚固对象以束计算。

10. 喷混凝土工程量应按喷射厚度、部位及有无钢筋以体积计，回弹量不应计入。喷浆工程量应根据喷射对象以面积计。

11. 混凝土灌注桩的钻孔和灌筑混凝土工程量应分别计算，并应符合下列规定：

(1)钻孔工程量按不同地层类别以钻孔长度计。

(2)灌筑混凝土工程量按不同桩径以桩长度计。

12. 枢纽工程对外公路工程量，项目建议书和可行性研究阶段可根据1/50 000～1/10 000的地形图按设计推荐(或选定)的线路，分公路等级以长度计算工程量。初步设计阶段应根据不小于1/5 000的地形图按设计确定的公路等级提出长度或具体工程量。

场内永久公路中主要交通道路，项目建议书和可行性研究阶段应根据1/10 000～1/5 000的施工总平面布置图按设计确定的公路等级以长度计算工程量。初步设计阶段应根据1/5 000～1/2 000的施工总平面布置图，按设计要求提出长度或具体工程量。引(供)水、灌溉等工程的永久公路工程量可参照上述要求计算。桥梁、涵洞按工程等级分别计算，提出延米或具体工程量。永久供电线路工程量，按电压等级、回路数以长度计算。

## 三、施工临时工程的工程量

1. 施工导流工程量计算要求与永久水工建筑物计算要求相同，其中永久与临时结合的部分应计入永久工程量中，阶段系数按施工临时工程计取。

2. 施工支洞工程量应按永久水工建筑物工程量计算要求进行计算，阶段系数按施工临时工程计取。

3. 大型施工设施及施工机械布置所需土建工程量，按永久建筑物的要求计算工程量，阶段系数按施工临时工程计取。

4. 施工临时公路的工程量可根据相应设计阶段施工总平面布置图或设计提出的运输线路分等级计算公路长度或具体工程量。

5. 施工供电线路工程量可按设计的线路走向、电压等级和回路数计算。

## 四、金属结构工程量

1. 水工建筑物的各种钢闸门和拦污栅的工程量以吨计，项目建议书可按已建工程类比确定；可行性研究阶段可根据初选方案确定的类型和主要尺寸计算；初步设计阶段应根据选定方案的设计尺寸和参数计算。各种闸门和拦污栅的埋件工程量计算均应与其主设备工程量计算精度一致。

2. 启闭设备工程量计算，宜与闸门和拦污栅工程量计算精度相适应，并分别列出设备重量 t 和数量（台、套）。

3. 压力钢管工程量应按钢管型式（一般、叉管）、直径和壁厚分别计算，以吨为计量单位，不应计入钢管制作与安装的操作损耗量。

# 附录 4　混凝土温控费用计算参考资料

（1）大体积混凝土浇筑后水泥产生水化热，温度迅速上升，且幅度较大，自然散热极其缓慢。为了防止混凝土出现裂缝，混凝土坝体内的最高温度必须严格加以控制，方法之一是限制混凝土搅拌机的出机口温度。在气温较高季节，混凝土在自然条件下的出机口温度往往超过施工技术规范规定的限度，此时，就必须采取人工降温措施，例如采用冷水喷淋预冷骨料或一次、二次风冷骨料，加片冰和（或）加冷水拌制混凝土等方法来降低混凝土的出机口温度。

控制混凝土最高温升的方法之二是，在坝体混凝土内预埋冷却水管，进行一、二期通水冷却。一期（混凝土浇筑后不久）通低温水以削减混凝土浇筑初期产生的水泥水化热温升。二期通水冷却，主要是为了满足水工建筑物接缝灌浆的要求。

以上这些温控措施，应根据不同工程的特点、不同地区的气温条件、不同结构物不同部位的温控要求等综合因素确定。

（2）根据不同标号混凝土的材料配合比和相关材料的温度，可计算出混凝土的出机口温度，如附表 4-1 所示。出机口混凝土温度一般由施工组织设计确定。若混凝土的出机口温度已确定，则可按附表 4-1 公式计算确定应预冷的材料温度，进而确定各项温控措施。

**附表 4-1　混凝土出机口温度计算表**

| 序号 | 材料 | 重量 $G$ (kg/m³) | 比热 $C$ [kJ/(kg·℃)] | 温度 $t$ (℃) | $G \times C = P$ [kJ/(m³·℃)] | $G \times C \times t = Q$ (kJ/m³) |
|---|---|---|---|---|---|---|
| 1 | 水泥及粉煤灰 | | 0.796 | $t_1 = T + 15$ | | |
| 2 | 砂 | | 0.963 | $t_2 = T - 2$ | | |
| 3 | 石子 | | 0.963 | $t_3$ | | |
| 4 | 砂的含水 | | 4.2 | $t_4 = t_2$ | | |
| 5 | 石子含水 | | 4.2 | $t_5 = t_3$ | | |

**附表 4-4　制片冰单价计算表**

适用范围:混凝土系统制冰加冰。

工作内容:用 2℃冷水制 -8℃片冰储存、送出。　单位:100t 片冰

| 项目 | 单位 | 片冰产量(t/d) | | | |
|---|---|---|---|---|---|
| | | 12 | 25 | 50 | 100 |
| 中级工 | 工时 | 300 | 144 | 72 | 36 |
| 初级工 | 工时 | 900 | 720 | 504 | 324 |
| 合计 | 工时 | 1 200 | 864 | 576 | 360 |
| 2℃冰水 | $m^3$ | 105 | 105 | 105 | 105 |
| 水 | $m^3$ | 700 | 700 | 700 | 700 |
| 氨液 | kg | 18 | 18 | 18 | 18 |
| 冷冻机油 | kg | 7 | 7 | 7 | 7 |
| 其他材料费 | % | 5 | 5 | 5 | 5 |
| 片冰机　PBL15/d | 台时 | 200 | | | |
| 片冰机　PBL30/d | 台时 | | 96 | 96 | 96 |
| 贮冰库　30t | 台时 | | 96 | 48 | |
| 贮冰库　60t | 台时 | | | | 24 |
| 螺杆式氨泵机组　ABLG55Z | 台时 | | | 48 | 24 |
| 螺杆式氨泵机组　ABLG100Z | 台时 | | 96 | 96 | 96 |
| 螺杆式氨泵机组　ABLG30Z | 台时 | 400 | 96 | | |
| 水泵　7.5kW | 台时 | 400 | 96 | 48 | |
| 水泵　15kW | 台时 | | 96 | | 24 |
| 水泵　30kW | 台时 | | | 48 | 48 |
| 玻璃钢冷却塔　NBL-500 | 台时 | 20 | 20 | 20 | 20 |
| 输冰胶带机　$B=500$　$L=50m$ | 台时 | 200 | 96 | 96 | 48 |
| 其他机械费 | % | 5 | 5 | 5 | 5 |

**附表 4-5　冷水喷淋预冷骨料单价计算表**

适用范围:2~4℃冷水喷淋,将骨料预冷至 8~16℃。

工作内容:制冷水、喷淋、回收、排渣、骨料脱水。　单位:100t 骨料降温 10℃

| 项目 | 单位 | 预冷骨料量(t/h) | |
|---|---|---|---|
| | | 200 | 400 |
| 中级工 | 工时 | 3 | 2 |
| 初级工 | 工时 | 3 | 2 |
| 合计 | 工时 | 6 | 4 |

**续附表 4-5**

| 项目 | 单位 | 预冷骨料量(t/h) | |
|---|---|---|---|
| | | 200 | 400 |
| 水 | $m^3$ | 43 | 43 |
| 氟里昂 | kg | 0.20 | 0.20 |
| 冷冻机油 | kg | 0.20 | 0.20 |
| 其他材料费 | % | 10 | 10 |
| 螺杆式冷水机组　LSLGF500 | 台时 | 0.36 | |
| 螺杆式冷水机组　LSLGF1000 | 台时 | 0.72 | 0.89 |
| 水泵　7.5kW | 台时 | 0.36 | 0.36 |
| 水泵　15kW | 台时 | 1.07 | 1.07 |
| 水泵　30kW | 台时 | 1.44 | 1.25 |
| 衬胶泵　17kW | 台时 | 0.72 | 0.72 |
| 玻璃钢冷却塔　NBL－500 | 台时 | 0.72 | 0.72 |
| 输冰胶带机　$B=1\ 000$　$L=40\text{m}$ | 台时 | 0.72 | 0.89 |
| 输冰胶带机　$B=1\ 400$　$L=170\text{m}$ | 台时 | 0.36 | 0.36 |
| 圆振动筛　2 400 × 6 000 | 台时 | 0.36 | 0.36 |
| 其他机械费 | % | 5 | 5 |

**附表 4-6　一次风冷骨料单价计算表**

适用范围:在料仓内用冷风将骨料预冷至 8～16℃。

工作内容:制冷水、鼓风、回风、骨料冷却。　　单位:100t 骨料降温 10℃

| 项目 | 单位 | 预冷骨料量(t/h) | |
|---|---|---|---|
| | | 200 | 400 |
| 中级工 | 工时 | 4 | 2 |
| 初级工 | 工时 | 2 | 2 |
| 合计 | 工时 | 6 | 4 |
| 水 | $m^3$ | 21 | 21 |
| 氨液 | kg | 0.84 | 0.84 |
| 冷冻机油 | kg | 0.20 | 0.20 |
| 其他材料费 | % | 10 | 10 |
| 氨螺杆压缩机　LG20A250G | 台时 | 1.11 | 1.11 |
| 卧式冷凝器　WNA－300 | 台时 | 1.11 | 1.11 |
| 氨贮液器　ZA－4.5 | 台时 | 1.11 | 1.11 |
| 空气冷却器　GKL－1250 | 台时 | 1.11 | 1.11 |
| 离心式风机　55kW | 台时 | 1.11 | |
| 离心式风机　75kW | 台时 | | 0.56 |
| 水泵　75kW | 台时 | 0.56 | 0.56 |
| 玻璃钢冷却塔　NBL－500 | 台时 | 0.56 | 0.56 |
| 其他机械费 | % | 17 | 17 |

**附表 4-7　二次风冷骨料单价计算表**

适用范围:在料仓内用冷风将骨料预冷至 0 ~ 2℃。

工作内容:制冷、鼓风、回风、骨料冷却。　　单位:100t 骨料降温 10℃

| 项目 | 单位 | 预冷骨料量(t/h) | |
|---|---|---|---|
| | | 200 | 400 |
| 中级工 | 工时 | 2.0 | 1 |
| 初级工 | 工时 | 2.5 | 2 |
| 合计 | 工时 | 4.5 | 3 |
| 水 | $m^3$ | 38 | 38 |
| 氨液 | kg | 1.50 | 1.50 |
| 冷冻机油 | kg | 0.40 | 0.40 |
| 其他材料费 | % | 10 | 10 |
| 螺杆式氨泵机组　ABLG100Z | 台时 | 4 | |
| 氨螺杆压缩机　LG20A200Z | 台时 | | 2 |
| 卧式冷凝器　WNA - 300 | 台时 | | 2 |
| 氨贮液器　ZA - 4.5 | 台时 | 1 | 2 |
| 空气冷却器　GKL - 1000 | 台时 | 2 | 2 |
| 离心式风机　55kW | 台时 | 2 | |
| 离心式风机　75kW | 台时 | | 1 |
| 水泵　55kW | 台时 | 1 | |
| 水泵　75kW | 台时 | | 1 |
| 玻璃钢冷却塔　NBL - 500 | 台时 | 1 | 1 |
| 其他机械费 | % | 5 | 17 |

**附表 4-8　坝体通水冷却单价计算表**

适用范围:需要通水冷却的坝体混凝土。

工作内容:冷却水管埋设、通水、观测、混凝土表面保护。　　单位:100$m^3$ 混凝土

| 项目 | 单位 | 片冰产量(t/d) | | | |
|---|---|---|---|---|---|
| | | 1 × 1.5 | 1.5 × 1.5 | 2 × 1.5 | 3 × 3 |
| 中级工 | 工时 | | | | |
| 初级工 | 工时 | 60 | 40 | 30 | 10 |
| 合计 | 工时 | 60 | 40 | 30 | 10 |
| 钢管(冷却水管) | kg | 240 | 160 | 120 | 40 |
| 低温水(一期冷却)温升 5℃ | $m^3$ | 120 | 80 | 60 | 20 |
| 水(二期冷却) | $m^3$ | 700 | 466 | 350 | 120 |
| 表面保护材料 | $m^2$ | 50 | 50 | 50 | 30 |
| 其他材料费 | % | 5 | 5 | 5 | 5 |
| 电焊机交流　20kVA | 台时 | 3 | 2 | 1.5 | 0.5 |
| 水泵 | 台时 | | | | |
| 其他机械费 | % | 20 | 20 | 20 | 20 |

**注:**一期冷却和二期冷却是否用制冷水,水量及水温由温控设计确定。如用循环水,则应增加水泵台时量。

# 附录 5　混凝土、砂浆配合比及材料用量

1. 混凝土配合比有关说明

(1)除碾压混凝土材料配合比参考表外,水泥混凝土强度等级均以 28d 龄期用标准试验方法测得的具有 95% 保证率的抗压强度标准值确定,如设计龄期超过 28d,按附表 5-1 系数换算。计算结果如介于两种强度等级之间,应选用高一级的强度等级。

附表 5-1　不同龄期水泥混凝土强度等级折合系数表

| 设计龄期(d) | 28 | 60 | 90 | 180 |
|---|---|---|---|---|
| 强度等级折合系数 | 1 | 0.83 | 0.77 | 0.71 |

(2)混凝土配合比表是卵石、粗砂混凝土,如改用碎石或中、细砂,按附表 5-2 系数换算。

附表 5-2　混凝土配合比换算系数表

| 项目 | 水泥 | 砂 | 石子 | 水 |
|---|---|---|---|---|
| 卵石换为碎石 | 1.10 | 1.10 | 1.06 | 1.00 |
| 粗砂换为中砂 | 1.07 | 0.98 | 0.98 | 1.07 |
| 粗砂换为细砂 | 1.10 | 0.96 | 0.97 | 1.10 |
| 粗砂换为特细砂 | 1.16 | 0.90 | 0.95 | 1.16 |

注:水泥按重量计,砂、石子、水按体积计。

(3)混凝土细骨料的划分标准为:

细度模数 3.19 ~ 3.85(或平均粒径 1.2 ~ 2.5mm)为粗砂;

细度模数 2.5 ~ 3.19(或平均粒径 0.6 ~ 1.2mm)为中砂;

细度模数 1.78 ~ 2.5(或平均粒径 0.3 ~ 0.6mm)为细砂;

细度模数 0.9 ~ 1.78(或平均粒径 0.15 ~ 0.3mm)为特细砂。

(4)埋块石混凝土,应按配合比表的材料用量,扣除埋块石实体的数量计算。

①埋块石混凝土材料量 = 配合比表列材料用量 × (1 - 埋块石量(%));

1 块石实体方 = 1.67 码方。

②因埋块石增加的人工数量见附表 5-3。

附表 5-3　因埋块石增加的人工数量表

| 埋块石率(%) | 5 | 10 | 15 | 20 |
|---|---|---|---|---|
| 每 100$m^3$ 埋块石混凝土增加人工工时 | 24.0 | 32.0 | 42.4 | 56.8 |

注:不包括块石运输及影响浇筑的工时。

(5)有抗冻要求时,按附表 5-4 水灰比选用混凝土强度等级。

附表 5-4　混凝土强度等级选用表

| 抗渗等级 | 一般水灰比 | 抗冻等级 | 一般水灰比 |
|---|---|---|---|
| W4 | 0.60~0.65 | F50 | <0.58 |
| W6 | 0.55~0.60 | F100 | <0.55 |
| W8 | 0.50~0.55 | F150 | <0.52 |
| W12 | <0.50 | F200 | <0.50 |
| | | F300 | <0.45 |

(6)除碾压混凝土材料配合比参考表外,混凝土配合比表的预算量包括场内运输及操作损耗在内。不包括搅拌后(熟料)的运输和浇筑损耗,搅拌后的运输和浇筑损耗已根据不同浇筑部位计入定额内。

(7)水泥用量按机械拌和拟定,若为人工拌和,水泥用量增加5%。

(8)按照国际标准(ISO3893)的规定,且为了与其他规范相协调,将原规范混凝土及砂浆标号的名称改为混凝土或砂浆强度等级。新强度等级与原标号对照见附表5-5和附表5-6。

附表 5-5　混凝土新强度等级与原标号对照

| 原用标号($kgf/cm^2$) | 100 | 150 | 200 | 250 | 300 | 350 | 400 |
|---|---|---|---|---|---|---|---|
| 新强度等级 C | C9 | C14 | C19 | C24 | C29.5 | C35 | C40 |

附表 5-6　砂浆新强度等级与原标号对照

| 原用标号($kgf/cm^2$) | 30 | 50 | 75 | 100 | 125 | 150 | 200 | 250 | 300 | 350 | 400 |
|---|---|---|---|---|---|---|---|---|---|---|---|
| 新强度等级 M | M3 | M5 | M7.5 | M10 | M12.5 | M15 | M20 | M25 | M30 | M35 | M40 |

2. 纯混凝土材料配合比及材料用量

纯混凝土材料配合比及材料用量见附表5-7。

3. 掺外加剂混凝土材料配合比及材料用量

掺外加剂混凝土材料配合比及材料用量见附表5-8。

4. 掺粉煤灰混凝土材料配合比及材料用量

掺粉煤灰混凝土材料配合比及材料用量见附表5-9~附表5-11。

5. 碾压混凝土材料配合比及材料用量

碾压混凝土材料配合比及材料用量参考值见附表5-12。

6. 泵用纯混凝土材料配合比及材料用量

泵用纯混凝土材料配合比及材料用量见附表5-13、附表5-14。

7. 水泥砂浆材料配合比及材料用量

水泥砂浆材料配合比及材料用量见附表5-15。

8. 水泥强度等级换算

水泥强度等级换算系数参考值见附表5-16。

附表 5-7　纯混凝土材料配合比及材料用量表

| 序号 | 混凝土强度等级 | 水泥强度等级 | 水灰比 | 级配 | 最大粒径（mm） | 配合比 | | | 预算量 | | | | | |
|---|---|---|---|---|---|---|---|---|---|---|---|---|---|---|
| | | | | | | 水泥 | 砂 | 石子 | 水泥（kg） | 粗砂 kg | 粗砂 $m^3$ | 卵石 kg | 卵石 $m^3$ | 水（$m^3$） |
| 1 | C10 | 32.5 | 0.75 | 一 | 20 | 1 | 3.69 | 5.05 | 237 | 877 | 0.58 | 1 218 | 0.72 | 0.170 |
| | | | | 二 | 40 | 1 | 3.92 | 6.45 | 208 | 819 | 0.55 | 1 360 | 0.79 | 0.150 |
| | | | | 三 | 80 | 1 | 3.78 | 9.33 | 172 | 653 | 0.44 | 1 630 | 0.95 | 0.125 |
| | | | | 四 | 150 | 1 | 3.64 | 11.65 | 152 | 555 | 0.37 | 1 792 | 1.05 | 0.110 |
| 2 | C15 | 32.5 | 0.65 | 一 | 20 | 1 | 3.15 | 4.41 | 270 | 853 | 0.57 | 1 206 | 0.70 | 0.170 |
| | | | | 二 | 40 | 1 | 3.20 | 5.57 | 242 | 777 | 0.52 | 1 367 | 0.81 | 0.150 |
| | | | | 三 | 80 | 1 | 3.09 | 8.03 | 201 | 623 | 0.42 | 1 635 | 0.96 | 0.125 |
| | | | | 四 | 150 | 1 | 2.92 | 9.89 | 179 | 527 | 0.36 | 1 799 | 1.06 | 0.110 |
| 3 | C20 | 32.5 | 0.55 | 一 | 20 | 1 | 2.48 | 3.78 | 321 | 798 | 0.54 | 1 227 | 0.72 | 0.170 |
| | | | | 二 | 40 | 1 | 2.53 | 4.72 | 289 | 733 | 0.49 | 1 382 | 0.81 | 0.150 |
| | | | | 三 | 80 | 1 | 2.49 | 6.80 | 238 | 594 | 0.40 | 1 637 | 0.96 | 0.125 |
| | | | | 四 | 150 | 1 | 2.38 | 8.55 | 208 | 498 | 0.34 | 1 803 | 1.06 | 0.110 |
| | | 42.5 | 0.60 | 一 | 20 | 1 | 2.80 | 4.08 | 294 | 827 | 0.56 | 1 218 | 0.71 | 0.170 |
| | | | | 二 | 40 | 1 | 2.89 | 5.20 | 261 | 757 | 0.51 | 1 376 | 0.81 | 0.150 |
| | | | | 三 | 80 | 1 | 2.82 | 7.37 | 218 | 618 | 0.42 | 1 627 | 0.95 | 0.125 |
| | | | | 四 | 150 | 1 | 2.73 | 9.29 | 191 | 522 | 0.35 | 1 791 | 1.05 | 0.110 |
| 4 | C25 | 32.5 | 0.50 | 一 | 20 | 1 | 2.10 | 3.50 | 353 | 744 | 0.5 | 1 250 | 0.73 | 0.170 |
| | | | | 二 | 40 | 1 | 2.25 | 4.43 | 310 | 699 | 0.47 | 1 389 | 0.81 | 0.150 |
| | | | | 三 | 80 | 1 | 2.16 | 6.23 | 260 | 565 | 0.38 | 1 644 | 0.96 | 0.125 |
| | | | | 四 | 150 | 1 | 2.04 | 7.78 | 230 | 471 | 0.32 | 1 812 | 1.06 | 0.110 |
| | | 42.5 | 0.55 | 一 | 20 | 1 | 2.48 | 3.78 | 321 | 798 | 0.54 | 1 227 | 0.72 | 0.170 |
| | | | | 二 | 40 | 1 | 2.53 | 4.72 | 289 | 733 | 0.49 | 1 382 | 0.81 | 0.150 |
| | | | | 三 | 80 | 1 | 2.49 | 6.80 | 238 | 594 | 0.40 | 1 637 | 0.96 | 0.125 |
| | | | | 四 | 150 | 1 | 2.38 | 8.55 | 208 | 498 | 0.34 | 1 803 | 1.06 | 0.110 |

**续附表 5-7**

| 序号 | 混凝土强度等级 | 水泥强度等级 | 水灰比 | 级配 | 最大粒径（mm） | 配合比 | | | 预算量 | | | | | |
|---|---|---|---|---|---|---|---|---|---|---|---|---|---|---|
| | | | | | | 水泥 | 砂 | 石子 | 水泥（kg） | 粗砂 | | 卵石 | | 水（$m^3$） |
| | | | | | | | | | | kg | $m^3$ | kg | $m^3$ | |
| 5 | C30 | 32.5 | 0.45 | 一 | 20 | 1 | 1.85 | 3.14 | 389 | 723 | 0.48 | 1 242 | 0.73 | 0.170 |
| | | | | 二 | 40 | 1 | 1.97 | 3.98 | 343 | 678 | 0.45 | 1 387 | 0.81 | 0.150 |
| | | | | 三 | 80 | 1 | 1.88 | 5.64 | 288 | 542 | 0.36 | 1 645 | 0.96 | 0.125 |
| | | | | 四 | 150 | 1 | 1.77 | 7.09 | 253 | 448 | 0.30 | 1 817 | 1.06 | 0.110 |
| | | 42.5 | 0.50 | 一 | 20 | 1 | 2.10 | 3.50 | 353 | 744 | 0.50 | 1 250 | 0.73 | 0.170 |
| | | | | 二 | 40 | 1 | 2.25 | 4.43 | 310 | 699 | 0.47 | 1 389 | 0.81 | 0.150 |
| | | | | 三 | 80 | 1 | 2.16 | 6.23 | 260 | 565 | 0.38 | 1 644 | 0.96 | 0.125 |
| | | | | 四 | 150 | 1 | 2.04 | 7.78 | 230 | 471 | 0.32 | 1 812 | 1.06 | 0.110 |
| 6 | C35 | 32.5 | 0.40 | 一 | 20 | 1 | 1.57 | 2.80 | 436 | 689 | 0.46 | 1 237 | 0.72 | 0.170 |
| | | | | 二 | 40 | 1 | 1.77 | 3.44 | 384 | 685 | 0.46 | 1 343 | 0.79 | 0.150 |
| | | | | 三 | 80 | 1 | 1.53 | 5.12 | 321 | 493 | 0.33 | 1 666 | 0.97 | 0.125 |
| | | | | 四 | 150 | 1 | 1.49 | 6.35 | 282 | 422 | 0.28 | 1 816 | 1.06 | 0.110 |
| | | 42.5 | 0.45 | 一 | 20 | 1 | 1.85 | 3.14 | 389 | 723 | 0.48 | 1 242 | 0.73 | 0.170 |
| | | | | 二 | 40 | 1 | 1.97 | 3.98 | 343 | 678 | 0.45 | 1 387 | 0.81 | 0.150 |
| | | | | 三 | 80 | 1 | 1.88 | 5.64 | 288 | 542 | 0.36 | 1 645 | 0.96 | 0.125 |
| | | | | 四 | 150 | 1 | 1.77 | 7.09 | 253 | 448 | 0.30 | 1 817 | 1.06 | 0.110 |
| 7 | C40 | 42.5 | 0.40 | 一 | 20 | 1 | 1.57 | 2.80 | 436 | 689 | 0.46 | 1 237 | 0.72 | 0.170 |
| | | | | 二 | 40 | 1 | 1.77 | 3.44 | 384 | 685 | 0.46 | 1 343 | 0.79 | 0.150 |
| | | | | 三 | 80 | 1 | 1.53 | 5.12 | 321 | 493 | 0.33 | 1 666 | 0.97 | 0.125 |
| | | | | 四 | 150 | 1 | 1.49 | 6.35 | 282 | 422 | 0.28 | 1 816 | 1.06 | 0.110 |
| 8 | C45 | 42.5 | 0.34 | 二 | 150 | 1 | 1.13 | 3.28 | 456 | 520 | 0.35 | 1 518 | 0.89 | 0.125 |

附表 5-8　掺外加剂混凝土材料配合比及材料用量表

| 序号 | 混凝土强度等级 | 水泥强度等级 | 水灰比 | 级配 | 最大粒径（mm） | 配合比 | | | 预算量 | | | | | | |
|---|---|---|---|---|---|---|---|---|---|---|---|---|---|---|---|
| | | | | | | 水泥 | 砂 | 石子 | 水泥（kg） | 粗砂 | | 卵石 | | 外加剂（kg） | 水（$m^3$） |
| | | | | | | | | | | kg | $m^3$ | kg | $m^3$ | | |
| 1 | C10 | 32.5 | 0.75 | 一 | 20 | 1 | 4.14 | 5.69 | 213 | 887 | 0.59 | 1 230 | 0.72 | 0.43 | 0.170 |
| | | | | 二 | 40 | 1 | 4.18 | 7.19 | 188 | 826 | 0.55 | 1 372 | 0.80 | 0.38 | 0.150 |
| | | | | 三 | 80 | 1 | 4.17 | 10.31 | 157 | 658 | 0.44 | 1 642 | 0.96 | 0.32 | 0.125 |
| | | | | 四 | 150 | 1 | 3.84 | 12.78 | 139 | 560 | 0.38 | 1 803 | 1.05 | 0.28 | 0.110 |
| 2 | C15 | 32.5 | 0.65 | 一 | 20 | 1 | 3.44 | 4.81 | 250 | 865 | 0.58 | 1 221 | 0.71 | 0.50 | 0.170 |
| | | | | 二 | 40 | 1 | 3.57 | 6.19 | 220 | 790 | 0.53 | 1 382 | 0.81 | 0.45 | 0.150 |
| | | | | 三 | 80 | 1 | 3.46 | 8.98 | 181 | 630 | 0.42 | 1 649 | 0.96 | 0.37 | 0.125 |
| | | | | 四 | 150 | 1 | 3.30 | 11.15 | 160 | 530 | 0.36 | 1 811 | 1.06 | 0.32 | 0.110 |
| 3 | C20 | 32.5 | 0.55 | 一 | 20 | 1 | 2.78 | 4.24 | 290 | 810 | 0.54 | 1 245 | 0.73 | 0.58 | 0.170 |
| | | | | 二 | 40 | 1 | 2.92 | 5.44 | 254 | 743 | 0.50 | 1 400 | 0.82 | 0.52 | 0.150 |
| | | | | 三 | 80 | 1 | 2.8 | 7.70 | 212 | 596 | 0.40 | 1 654 | 0.97 | 0.43 | 0.125 |
| | | | | 四 | 150 | 1 | 2.66 | 9.52 | 188 | 503 | 0.34 | 1 817 | 1.06 | 0.38 | 0.110 |
| | | 42.5 | 0.60 | 一 | 20 | 1 | 3.16 | 4.61 | 264 | 839 | 0.56 | 1 235 | 0.72 | 0.53 | 0.170 |
| | | | | 二 | 40 | 1 | 3.26 | 5.86 | 234 | 767 | 0.52 | 1 392 | 0.81 | 0.47 | 0.150 |
| | | | | 三 | 80 | 1 | 3.19 | 8.29 | 195 | 624 | 0.42 | 1 641 | 0.96 | 0.39 | 0.125 |
| | | | | 四 | 150 | 1 | 3.11 | 10.56 | 171 | 527 | 0.36 | 1 806 | 1.05 | 0.35 | 0.110 |
| 4 | C25 | 32.5 | 0.50 | 一 | 20 | 1 | 2.36 | 3.92 | 320 | 757 | 0.51 | 1 270 | 0.74 | 0.64 | 0.170 |
| | | | | 二 | 40 | 1 | 2.50 | 4.93 | 282 | 709 | 0.48 | 1 410 | 0.82 | 0.56 | 0.150 |
| | | | | 三 | 80 | 1 | 2.44 | 7.02 | 234 | 572 | 0.38 | 1 664 | 0.97 | 0.47 | 0.125 |
| | | | | 四 | 150 | 1 | 2.27 | 8.74 | 207 | 479 | 0.32 | 1 831 | 1.07 | 0.42 | 0.110 |
| | | 42.5 | 0.55 | 一 | 20 | 1 | 2.78 | 4.24 | 290 | 810 | 0.54 | 1 245 | 0.73 | 0.58 | 0.170 |
| | | | | 二 | 40 | 1 | 2.92 | 5.44 | 254 | 743 | 0.50 | 1 400 | 0.82 | 0.52 | 0.150 |
| | | | | 三 | 80 | 1 | 2.80 | 7.70 | 212 | 596 | 0.40 | 1 654 | 0.97 | 0.43 | 0.125 |
| | | | | 四 | 150 | 1 | 2.66 | 9.52 | 188 | 503 | 0.34 | 1 817 | 1.06 | 0.38 | 0.110 |

续附表 5-8

| 序号 | 混凝土强度等级 | 水泥强度等级 | 水灰比 | 级配 | 最大粒径（mm） | 配合比 | | | 预算量 | | | | | | | |
|---|---|---|---|---|---|---|---|---|---|---|---|---|---|---|---|---|
| | | | | | | 水泥 | 砂 | 石子 | 水泥（kg） | 粗砂 | | 卵石 | | 外加剂（kg） | 水（m³） |
| | | | | | | | | | | kg | m³ | kg | m³ | | |
| 5 | C30 | 32.5 | 0.45 | 一 | 20 | 1 | 2.12 | 3.62 | 348 | 736 | 0.49 | 1 269 | 0.74 | 0.71 | 0.170 |
| | | | | 二 | 40 | 1 | 2.23 | 4.53 | 307 | 689 | 0.46 | 1 411 | 0.83 | 0.62 | 0.150 |
| | | | | 三 | 80 | 1 | 2.13 | 6.39 | 257 | 549 | 0.37 | 1 667 | 0.97 | 0.52 | 0.125 |
| | | | | 四 | 150 | 1 | 2.00 | 8.04 | 225 | 453 | 0.30 | 1 837 | 1.07 | 0.46 | 0.110 |
| | | 42.5 | 0.50 | 一 | 20 | 1 | 2.36 | 3.92 | 320 | 757 | 0.51 | 1 270 | 0.74 | 0.64 | 0.170 |
| | | | | 二 | 40 | 1 | 2.50 | 4.93 | 282 | 709 | 0.48 | 1 410 | 0.82 | 0.56 | 0.150 |
| | | | | 三 | 80 | 1 | 2.44 | 7.02 | 234 | 572 | 0.38 | 1 664 | 0.97 | 0.47 | 0.125 |
| | | | | 四 | 150 | 1 | 2.27 | 8.74 | 207 | 479 | 0.32 | 1 831 | 1.07 | 0.42 | 0.110 |
| 6 | C35 | 32.5 | 0.40 | 一 | 20 | 1 | 1.79 | 3.18 | 392 | 705 | 0.47 | 1 265 | 0.74 | 0.78 | 0.170 |
| | | | | 二 | 40 | 1 | 2.01 | 3.90 | 346 | 698 | 0.47 | 1 368 | 0.80 | 0.69 | 0.150 |
| | | | | 三 | 80 | 1 | 1.72 | 5.77 | 289 | 500 | 0.33 | 1 691 | 0.99 | 0.58 | 0.125 |
| | | | | 四 | 150 | 1 | 1.68 | 7.17 | 254 | 427 | 0.28 | 1 839 | 1.08 | 0.51 | 0.110 |
| | | 42.5 | 0.45 | 一 | 20 | 1 | 2.12 | 3.62 | 348 | 736 | 0.49 | 1 269 | 0.74 | 0.71 | 0.170 |
| | | | | 二 | 40 | 1 | 2.23 | 4.53 | 307 | 689 | 0.46 | 1 411 | 0.83 | 0.62 | 0.150 |
| | | | | 三 | 80 | 1 | 2.13 | 6.39 | 257 | 549 | 0.37 | 1 667 | 0.97 | 0.52 | 0.125 |
| | | | | 四 | 150 | 1 | 2.00 | 8.04 | 225 | 453 | 0.30 | 1 837 | 1.07 | 0.46 | 0.110 |
| 7 | C40 | 42.5 | 0.40 | 一 | 20 | 1 | 1.79 | 3.18 | 392 | 705 | 0.47 | 1 265 | 0.74 | 0.78 | 0.170 |
| | | | | 二 | 40 | 1 | 2.01 | 3.90 | 346 | 698 | 0.47 | 1 368 | 0.80 | 0.69 | 0.150 |
| | | | | 三 | 80 | 1 | 1.72 | 5.77 | 289 | 500 | 0.33 | 1 691 | 0.99 | 0.58 | 0.125 |
| | | | | 四 | 150 | 1 | 1.68 | 7.17 | 254 | 427 | 0.28 | 1 839 | 1.08 | 0.51 | 0.110 |
| 8 | C45 | 42.50 | 0.34 | 二 | 40 | 1 | 1.29 | 3.73 | 410 | 532 | 0.35 | 1 552 | 0.91 | 0.82 | 0.125 |

附表 5-9　掺粉煤灰混凝土材料配合比及材料用量表(掺粉煤灰量 20%，取代系数 1.3)

| 序号 | 混凝土强度等级 | 水泥强度等级 | 水灰比 | 级配 | 最大粒径(mm) | 配合比 | | | | 预算量 | | | | | | | |
|---|---|---|---|---|---|---|---|---|---|---|---|---|---|---|---|---|---|
| | | | | | | 水泥 | 粉煤灰 | 砂 | 石子 | 水泥(kg) | 粉煤灰(kg) | 粗砂 | | 卵石 | | 外加剂(kg) | 水($m^3$) |
| | | | | | | | | | | | | kg | $m^3$ | kg | $m^3$ | | |
| 1 | C10 | 32.5 | 0.75 | 三 | 80 | 1 | 0.325 | 4.65 | 11.47 | 139 | 45 | 650 | 0.44 | 1 621 | 0.95 | 0.28 | 0.125 |
| | | | | 四 | 150 | 1 | 0.325 | 4.50 | 14.42 | 122 | 40 | 551 | 0.37 | 1 784 | 1.05 | 0.25 | 0.110 |
| 2 | C15 | 32.5 | 0.65 | 三 | 80 | 1 | 0.325 | 3.86 | 10.03 | 160 | 53 | 620 | 0.42 | 1 627 | 0.96 | 0.33 | 0.125 |
| | | | | 四 | 150 | 1 | 0.325 | 3.71 | 12.57 | 140 | 47 | 523 | 0.35 | 1 791 | 1.05 | 0.29 | 0.110 |
| 3 | C20 | 32.5 | 0.55 | 三 | 80 | 1 | 0.325 | 3.10 | 8.44 | 190 | 63 | 589 | 0.40 | 1 623 | 0.96 | 0.38 | 0.125 |
| | | | | 四 | 150 | 1 | 0.325 | 2.93 | 10.50 | 168 | 56 | 495 | 0.33 | 1 791 | 1.05 | 0.34 | 0.110 |
| | | 42.5 | 0.60 | 三 | 80 | 1 | 0.325 | 3.54 | 9.21 | 173 | 58 | 616 | 0.42 | 1 618 | 0.95 | 0.35 | 0.125 |
| | | | | 四 | 150 | 1 | 0.325 | 3.40 | 11.58 | 152 | 51 | 519 | 0.35 | 1 781 | 1.05 | 0.31 | 0.110 |

附表 5-10　掺粉煤灰混凝土材料配合比及材料用量表(掺粉煤灰量 25%，取代系数 1.3)

| 序号 | 混凝土强度等级 | 水泥强度等级 | 水灰比 | 级配 | 最大粒径(mm) | 配合比 | | | | 预算量 | | | | | | | |
|---|---|---|---|---|---|---|---|---|---|---|---|---|---|---|---|---|---|
| | | | | | | 水泥 | 粉煤灰 | 砂 | 石子 | 水泥(kg) | 粉煤灰(kg) | 粗砂 | | 卵石 | | 外加剂(kg) | 水($m^3$) |
| | | | | | | | | | | | | kg | $m^3$ | kg | $m^3$ | | |
| 1 | C10 | 32.5 | 0.75 | 三 | 80 | 1 | 0.433 | 4.96 | 12.38 | 131 | 57 | 650 | 0.44 | 1 621 | 0.95 | 0.27 | 0.125 |
| | | | | 四 | 150 | 1 | 0.433 | 4.79 | 15.51 | 115 | 50 | 551 | 0.36 | 1 784 | 1.04 | 0.24 | 0.110 |
| 2 | C15 | 32.5 | 0.65 | 三 | 80 | 1 | 0.433 | 4.13 | 10.82 | 150 | 66 | 620 | 0.42 | 1624 | 0.96 | 0.31 | 0.125 |
| | | | | 四 | 150 | 1 | 0.433 | 3.98 | 13.54 | 132 | 58 | 525 | 0.34 | 1 788 | 1.05 | 0.27 | 0.110 |
| 3 | C20 | 32.5 | 0.55 | 三 | 80 | 1 | 0.433 | 3.31 | 9.11 | 178 | 79 | 590 | 0.40 | 1622 | 0.95 | 0.36 | 0.125 |
| | | | | 四 | 150 | 1 | 0.433 | 3.18 | 11.45 | 156 | 69 | 495 | 0.32 | 1 787 | 1.05 | 0.32 | 0.110 |
| | | 42.5 | 0.60 | 三 | 80 | 1 | 0.433 | 3.78 | 9.92 | 163 | 71 | 615 | 0.42 | 1 617 | 0.95 | 0.33 | 0.125 |
| | | | | 四 | 150 | 1 | 0.433 | 3.62 | 12.44 | 143 | 63 | 517 | 0.35 | 1 780 | 1.05 | 0.29 | 0.110 |

**附表 5-11　掺粉煤灰混凝土材料配合比及材料用量表**(掺粉煤灰量 30%，取代系数 1.3)

| 序号 | 混凝土强度等级 | 水泥强度等级 | 水灰比 | 级配 | 最大粒径(mm) | 配合比 | | | | 预算量 | | | | | | | |
|---|---|---|---|---|---|---|---|---|---|---|---|---|---|---|---|---|---|
| | | | | | | 水泥 | 粉煤灰 | 砂 | 石子 | 水泥(kg) | 粉煤灰(kg) | 粗砂 | | 卵石 | | 外加剂(kg) | 水($m^3$) |
| | | | | | | | | | | | | kg | $m^3$ | kg | $m^3$ | | |
| 1 | C10 | 32.5 | 0.75 | 三 | 80 | 1 | 0.557 | 5.30 | 13.09 | 122 | 69 | 649 | 0.44 | 1 619 | 0.95 | 0.25 | 0.125 |
| | | | | 四 | 150 | 1 | 0.557 | 5.10 | 16.32 | 108 | 61 | 551 | 0.37 | 1 781 | 1.05 | 0.22 | 0.110 |
| 2 | C15 | 32.5 | 0.65 | 三 | 80 | 1 | 0.557 | 4.39 | 11.39 | 140 | 80 | 619 | 0.42 | 1 622 | 0.95 | 0.28 | 0.125 |
| | | | | 四 | 150 | 1 | 0.557 | 4.20 | 14.20 | 124 | 70 | 522 | 0.35 | 1 786 | 1.05 | 0.25 | 0.110 |
| 3 | C20 | 32.5 | 0.55 | 三 | 80 | 1 | 0.557 | 3.54 | 9.61 | 166 | 95 | 590 | 0.40 | 1 618 | 0.95 | 0.34 | 0.125 |
| | | | | 四 | 150 | 1 | 0.557 | 3.34 | 11.93 | 148 | 83 | 495 | 0.33 | 1 786 | 1.05 | 0.30 | 0.110 |
| | | 42.5 | 0.6 | 三 | 80 | 1 | 0.557 | 3.97 | 10.33 | 154 | 86 | 613 | 0.42 | 1 612 | 0.95 | 0.31 | 0.125 |
| | | | | 四 | 150 | 1 | 0.557 | 3.84 | 13.11 | 134 | 76 | 518 | 0.35 | 1 778 | 1.04 | 0.27 | 0.110 |

**附表 5-12　碾压混凝土材料配合比及材料用量参考值表**

| 序号 | 龄期(d) | 混凝土强度等级 | 水泥强度等级 | 水胶比 | 砂率(%) | 水泥 | 粉煤灰 | 水 | 砂 | 石子 | 外加剂 | 备注 |
|---|---|---|---|---|---|---|---|---|---|---|---|---|
| 1 | 90 | C10 | 42.5 | 0.61 | 34 | 46 | 107 | 93 | 761 | 1 500 | 0.380 | 江垭资料,人工砂石料 |
| 2 | 90 | C15 | 42.5 | 0.58 | 33 | 64 | 96 | 93 | 738 | 1 520 | 0.400 | 江垭资料,人工砂石料 |
| 3 | 90 | C20 | 42.5 | 0.53 | 36 | 87 | 107 | 103 | 783 | 1 413 | 0.490 | 江垭资料,人工砂石料 |
| 4 | 90 | C10 | 32.5 | 0.60 | 35 | 63 | 87 | 90 | 765 | 1 453 | 0.387 | 汾河二库资料,人工砂石料 |
| 5 | 90 | C20 | 32.5 | 0.55 | 36 | 83 | 84 | 92 | 801 | 1 423 | 0.511 | 汾河二库资料,人工砂石料 |
| 6 | 90 | C20 | 32.5 | 0.50 | 36 | 132 | 56 | 94 | 777 | 1 383 | 0.812 | 汾河二库资料,人工砂石料 |
| 7 | 90 | C10 | 32.5 | 0.56 | 33 | 60 | 101 | 90 | 726 | 1 473 | 0.369 | 汾河二库资料,天然砂、人工骨料 |
| 8 | 90 | C20 | 32.5 | 0.50 | 36 | 104 | 86 | 95 | 769 | 1 396 | 0.636 | 汾河二库资料,天然砂、人工骨料 |
| 9 | 90 | C20 | 32.5 | 0.45 | 35 | 127 | 84 | 95 | 743 | 1 381 | 0.779 | 汾河二库资料,天然砂、人工骨料 |
| 10 | 90 | C15 | 42.5 | 0.55 | 30 | 72 | 58 | 71 | 649 | 1 554 | 0.871 | 白石水库资料,天然细骨料、人工粗骨料、砂用量含石粉 |
| 11 | 90 | C15 | 42.5 | 0.58 | 29 | 91 | 39 | 75 | 652 | 1 609 | 0.325 | 观音阁资料,天然砂石料 |
| 12 | 90 | C15 | 42.5 | 0.50 | 35 | 67 | 101 | 84 | 798 | 1 521 | 1.344 | 大朝山资料,人工砂石料 |
| 13 | 90 | C20 | 42.5 | 0.50 | 38 | 94 | 94 | 91 | 850 | 1 423 | 1.504 | 大朝山资料,人工砂石料 |

注:碾压混凝土材料配合比参考表中材料用量不包括场内运输及拌制损耗在内,实际运用过程中损耗率可采用:水泥 2.5%、砂 3%、石子 4%。

附表 5-13　泵用纯混凝土材料配合比及材料用量表

| 序号 | 混凝土强度等级 | 水泥强度等级 | 水灰比 | 级配 | 最大粒径(mm) | 配合比 | | | 预算量 | | | | | |
|---|---|---|---|---|---|---|---|---|---|---|---|---|---|---|
| | | | | | | 水泥 | 砂 | 石子 | 水泥(kg) | 粗砂 | | 卵石 | | 外加剂(kg) |
| | | | | | | | | | | kg | $m^3$ | kg | $m^3$ | |
| 1 | C15 | 32.5 | 0.63 | 一 | 20 | 1 | 2.97 | 3.11 | 320 | 951 | 0.64 | 970 | 0.66 | 0.192 |
| | | | | 二 | 40 | 1 | 3.05 | 4.29 | 280 | 858 | 0.58 | 1 171 | 0.78 | 0.166 |
| 2 | C20 | 32.5 | 0.51 | 一 | 20 | 1 | 2.30 | 2.45 | 394 | 910 | 0.61 | 979 | 0.67 | 0.193 |
| | | | | 二 | 40 | 1 | 2.35 | 3.38 | 347 | 820 | 0.55 | 1 194 | 0.80 | 0.161 |
| 3 | C25 | 32.5 | 0.44 | 一 | 20 | 1 | 1.88 | 2.04 | 461 | 872 | 0.58 | 955 | 0.66 | 0.195 |
| | | | | 二 | 40 | 1 | 1.95 | 2.83 | 408 | 800 | 0.53 | 1 169 | 0.79 | 0.173 |

附表 5-14　泵用掺外加剂混凝土材料配合比及材料用量表

| 序号 | 混凝土强度等级 | 水泥强度等级 | 水灰比 | 级配 | 最大粒径(mm) | 配合比 | | | 预算量 | | | | | | |
|---|---|---|---|---|---|---|---|---|---|---|---|---|---|---|---|
| | | | | | | 水泥 | 砂 | 石子 | 水泥(kg) | 粗砂 | | 卵石 | | 外加剂(kg) | 水($m^3$) |
| | | | | | | | | | | kg | $m^3$ | kg | $m^3$ | | |
| 1 | C15 | 32.5 | 0.63 | 一 | 20 | 1 | 3.28 | 3.35 | 290 | 957 | 0.65 | 987 | 0.67 | 0.58 | 0.192 |
| | | | | 二 | 40 | 1 | 3.38 | 4.63 | 253 | 860 | 0.59 | 1 188 | 0.79 | 0.50 | 0.166 |
| 2 | C20 | 32.5 | 0.51 | 一 | 20 | 1 | 2.61 | 2.77 | 355 | 930 | 0.62 | 999 | 0.68 | 0.71 | 0.193 |
| | | | | 二 | 40 | 1 | 2.61 | 3.78 | 317 | 831 | 0.56 | 1 214 | 0.81 | 0.62 | 0.161 |
| 3 | C25 | 32.5 | 0.44 | 一 | 20 | 1 | 2.15 | 2.32 | 415 | 895 | 0.60 | 980 | 0.68 | 0.83 | 0.195 |
| | | | | 二 | 40 | 1 | 2.22 | 3.21 | 366 | 816 | 0.54 | 1 191 | 0.81 | 0.73 | 0.173 |

**附表 5-15　水泥砂浆材料配合比及材料用量表**

(1)砌筑砂浆

| 砂浆类别 | 砂浆强度等级 | 水泥(kg) | 砂($m^3$) | 水($m^3$) |
|---|---|---|---|---|
| | | 32.5 | | |
| 水泥砂浆 | M5 | 211 | 1.13 | 0.127 |
| | M7.5 | 261 | 1.11 | 0.157 |
| | M10 | 305 | 1.10 | 0.183 |
| | M12.5 | 352 | 1.08 | 0.211 |
| | M15 | 405 | 1.07 | 0.243 |
| | M20 | 457 | 1.06 | 0.274 |
| | M25 | 522 | 1.05 | 0.313 |
| | M30 | 606 | 0.99 | 0.364 |
| | M40 | 740 | 0.97 | 0.444 |

(2)接缝砂浆

| 序号 | 砂浆强度等级 | 体积配合比 | | 矿渣大坝水泥 | | 纯大坝水泥 | | 砂($m^3$) | 水($m^3$) |
|---|---|---|---|---|---|---|---|---|---|
| | | 水泥 | 砂 | 强度等级 | 数量(kg) | 强度等级 | 数量(kg) | | |
| 1 | M10 | 1 | 3.1 | 32.5 | 406 | | | 1.08 | 0.270 |
| 2 | M15 | 1 | 2.6 | 32.5 | 469 | | | 1.05 | 0.270 |
| 3 | M20 | 1 | 2.1 | 32.5 | 554 | | | 1.00 | 0.270 |
| 4 | M25 | 1 | 1.9 | 32.5 | 633 | | | 0.94 | 0.270 |
| 5 | M30 | 1 | 1.8 | | | 42.5 | 625 | 0.98 | 0.266 |
| 6 | M35 | 1 | 1.5 | | | 42.5 | 730 | 0.93 | 0.266 |
| 7 | M40 | 1 | 1.3 | | | 42.5 | 789 | 0.90 | 0.266 |

**附表 5-16　水泥强度等级换算系数参考值表**

| 原强度等级 | 代换强度等级 | | |
|---|---|---|---|
| | 32.5 | 42.5 | 52.5 |
| 32.5 | 1.00 | 0.86 | 0.76 |
| 42.5 | 1.16 | 1.00 | 0.88 |
| 52.5 | 1.31 | 1.13 | 1.00 |

# 附录6 土石方松实系数换算

土石方松实系数换算见附表6-1。

**附表6-1 土石方松实系数换算表**

| 项目 | 自然方 | 松方 | 实方 | 码方 |
|---|---|---|---|---|
| 土方 | 1 | 1.33 | 0.85 | |
| 石方 | 1 | 1.53 | 1.31 | |
| 砂方 | 1 | 1.07 | 0.94 | |
| 混合料 | 1 | 1.19 | 0.88 | |
| 块石 | 1 | 1.75 | 1.43 | 1.67 |

**注:**(1)松实系数是指土石料体积的比例关系,供一般土石方工程换算时参考。

(2)块石实方指堆石坝坝体方,块石松方即块石堆方。

# 附录7 一般工程土类分级

一般工程土类分级见附表7-1。

**附表7-1 一般工程土类分级表**

| 土质级别 | 土质名称 | 自然温密度(kg/m³) | 外形特征 | 开挖方法 |
|---|---|---|---|---|
| Ⅰ | 1. 砂土<br>2. 种植土 | 1 650～1 750 | 疏松,黏着力差或易透水,略有黏性 | 用锹或略加脚踩开挖 |
| Ⅱ | 1. 壤土<br>2. 淤泥<br>3. 含壤种植土 | 1 750～1 850 | 开挖时能成块,并易打碎 | 用锹或略加脚踩开挖 |
| Ⅲ | 1. 黏土<br>2. 干燥黄土<br>3. 干淤泥<br>4. 含少量砾石黏土 | 1 800～1 950 | 黏手,看不见砂粒或干硬 | 用镐、三齿耙开挖或用锹用力加脚踩开挖 |
| Ⅳ | 1. 坚硬黏土<br>2. 砾质黏土<br>3. 含卵石黏土 | 1 900～2 100 | 土壤结构坚硬,将土分裂后成块状或含黏粒、砾石较多 | 用镐、三齿耙工具开挖 |

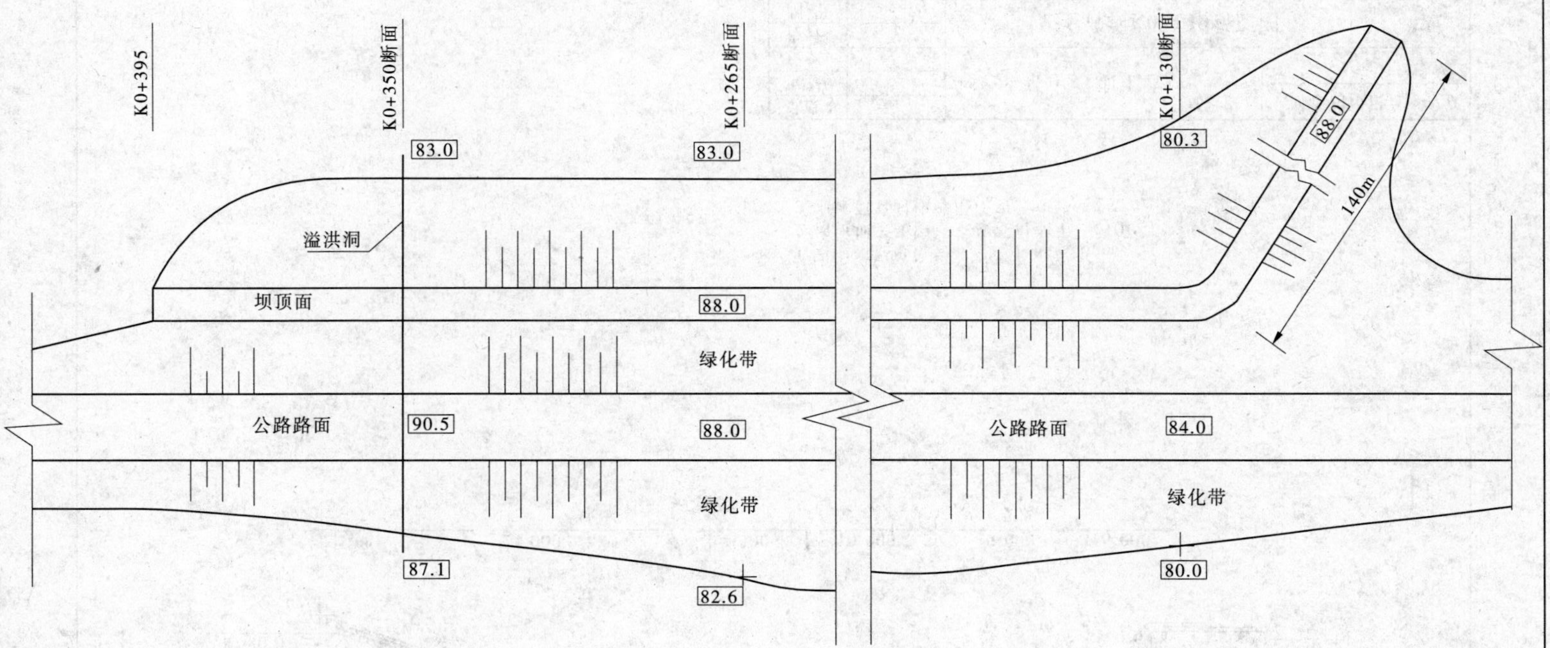


说明：

1.图中高程单位为m，尺寸单位为mm。

2.公路要向下游侧排水，不允许淹坝顶。

| | | | | | |
|---|---|---|---|---|---|
| 批准 | | 某土石坝工程 | | 初步设计 | |
| 审查 | | | | | |
| 校核 | | | | | |
| 设计 | | 某土石坝平面图 | | | |
| 制图 | | | | | |
| 比例 | | 日期 | | 图号 | 附图1 |

附图1　某土石坝平面图

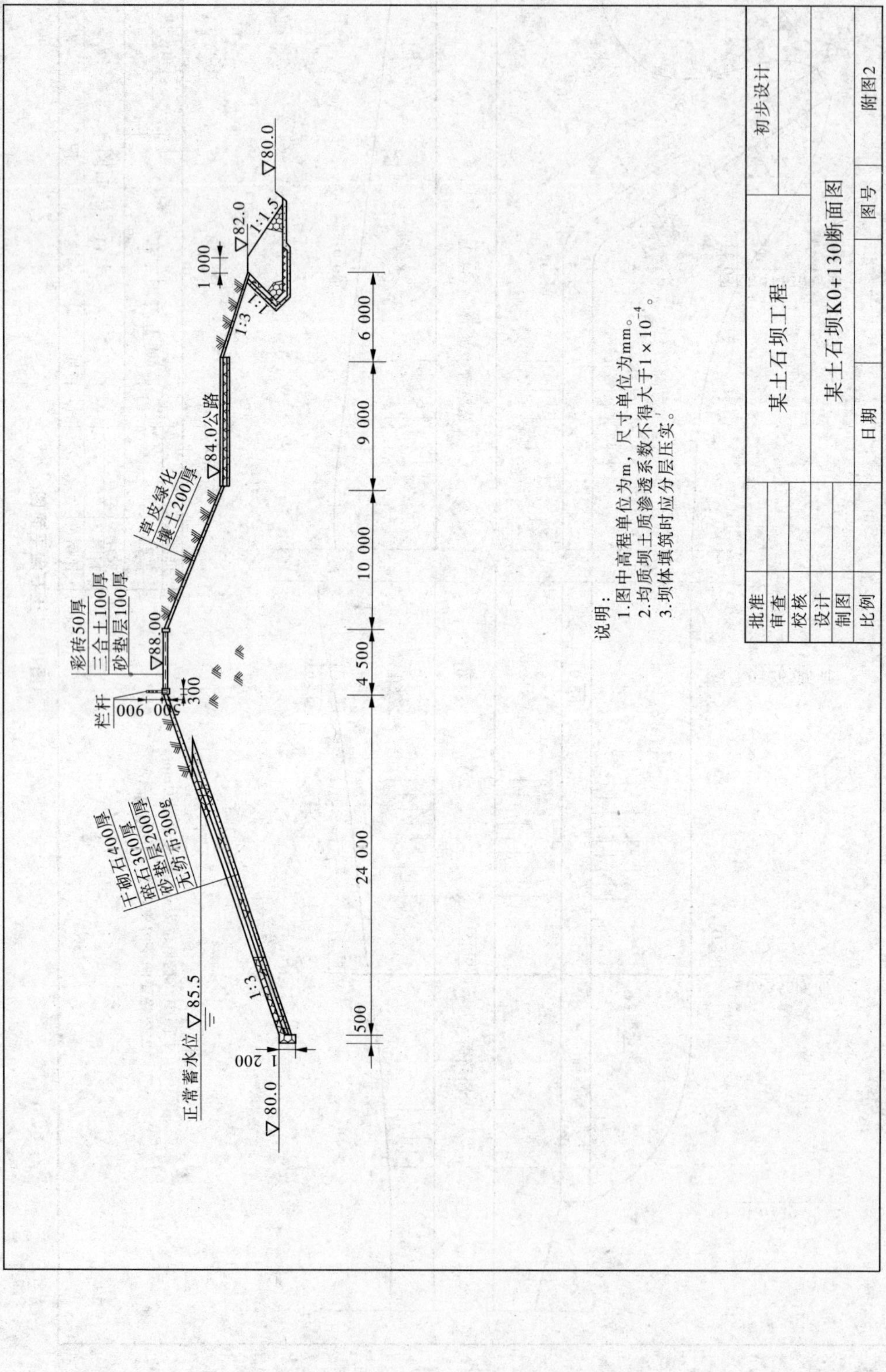


附图2 某土石坝K0+130断面图

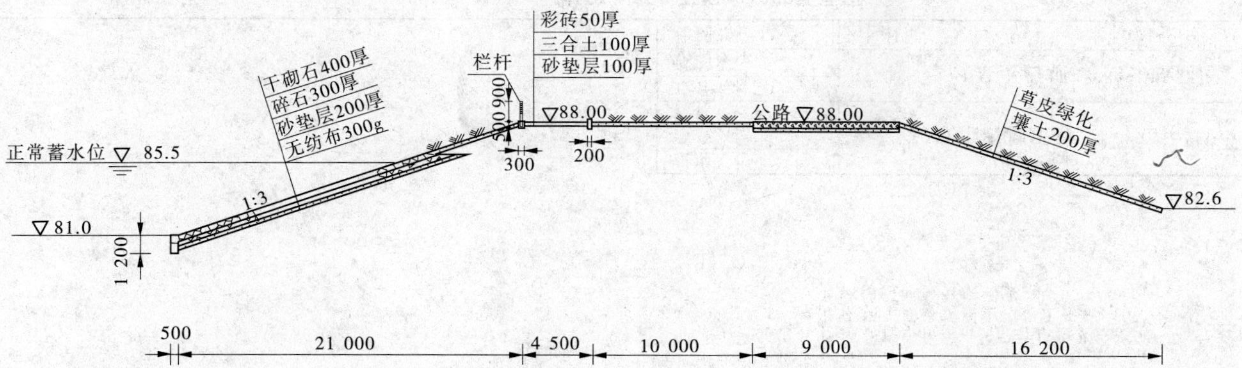


说明：

1.图中高程单位为m，尺寸单位为mm。
2.均质坝土质渗透系数不得大于$1\times10^{-4}$。
3.坝体填筑时应分层压实。

| | | | |
|---|---|---|---|
| 批准 | | 某土石坝工程 | 初步设计 |
| 审查 | | | |
| 校核 | | | |
| 设计 | | 某土石坝K0+265断面图 | |
| 制图 | | | |
| 比例 | | 日期 | 图号 附图3 |

附图3 某土石坝K0+265断面图

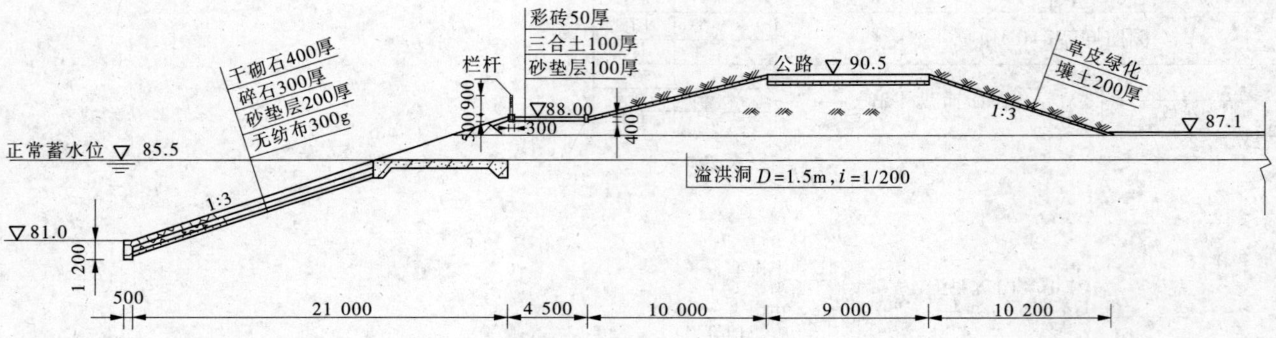


说明：

1.图中高程单位为m，尺寸单位为mm。
2.均质坝土质渗透系数不得大于$1\times10^{-4}$。
3.坝体填筑时应分层压实。

| | | | | |
|---|---|---|---|---|
| 批准 | | 某土石坝工程 | | 初步设计 |
| 审查 | | | | |
| 校核 | | | | |
| 设计 | | 某土石坝K0+350断面图 | | |
| 制图 | | | | |
| 比例 | | 日期 | 图号 | 附图4 |

附图4 某土石坝K0+350断面图

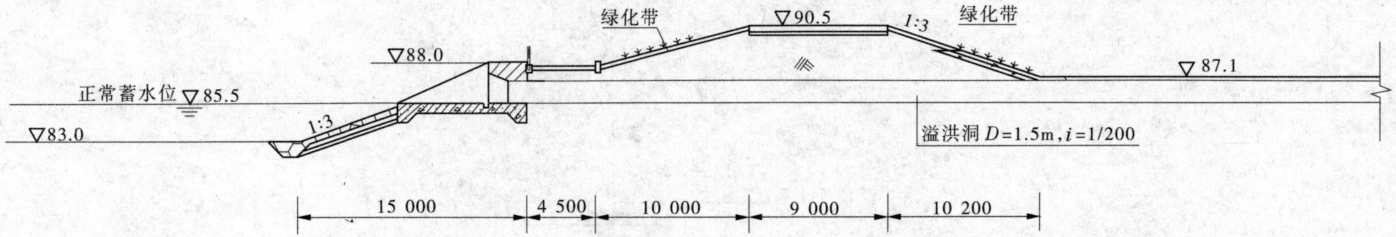


溢洪洞断面(K0+350)

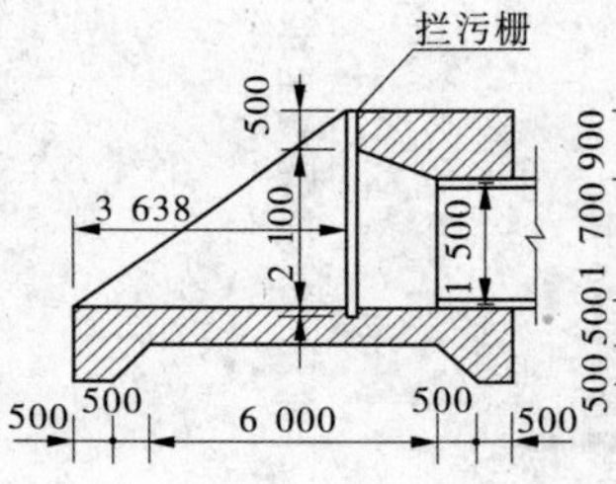


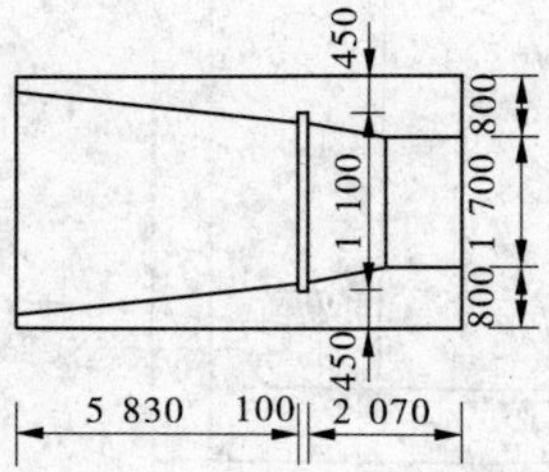


进口详图

说明：
1.图中尺寸单位mm，高程单位为m。
2.经计算确定两条溢洪洞泄水能力为8.0m/s。

| | | | | | |
|---|---|---|---|---|---|
| 批准 | | 某土石坝工程 | | 初步设计 | |
| 审查 | | | | | |
| 校核 | | | | | |
| 设计 | | 某土石坝溢洪洞剖面图 | | | |
| 制图 | | | | | |
| 比例 | | 日期 | | 图号 | 附图5 |

附图5 某土石坝溢洪洞剖面图

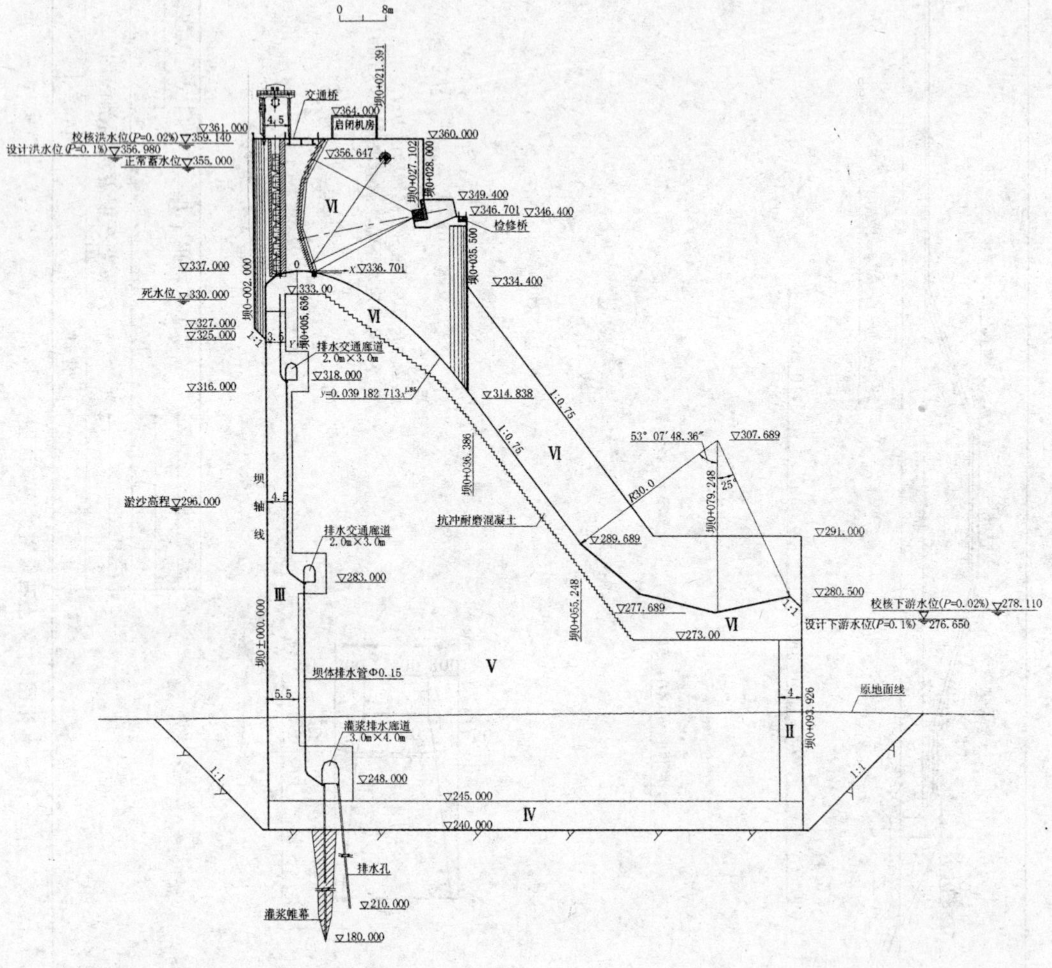


说明：

1.图中高程、桩号、尺寸单位均以m计。

2.图中高程系为黄海高程系。

3.混凝土分区。

**附图6　某混凝土坝工程溢流坝段典型剖面**